美味台灣菜

138道傳統美味與流行創業小吃

Delicious
Taiwanese
Cuisine

傅培梅
程安琪
陳盈舟

著

作者序一
– PREFACE I –

　　出自閩菜源流的台菜，由於受到日本菜、客家菜及粵菜的薰陶，自成一格，發展出鮮香、清淡的特色。除了海產、冷盤、生食外，湯湯水水更是一大特色。除酒家菜、辦桌（喜宴、壽宴、喬遷宴）外，小吃也有數百種以上。

　　過去台菜的主流來自大型豪華酒家，廚師們莫不絞盡腦汁，用名貴食材做出噱頭十足的花俏菜餚，以博取酒客的青睞。靠著這些古早的繁華風情，台菜得以保存至今。光復後，由於社會日趨富足，飲食觀也日漸趨向奢華浪費，加上受到政府遷台後各省口味及作法的影響，台菜結合傳統，又融合各地精華，而逐漸形成今日既保存傳統，又不忘創新的本土化台菜風味。

　　宴客菜為台菜的主流，豐盛精巧又氣派體面，每席菜色多達十餘道：山珍海味、蔬果點心一應俱全。通常以冷盤為首，包括四碟（或盤）的冷菜、熱葷，可供開胃下酒之用；繼而上大菜，以四葷一素或五葷一素的比例安排，可湯、可菜、可羹；宴席之尾為甜點或水果。材料上以海鮮居大半，家禽、家畜平分秋色。口味上不論是五味、五香、酸甜、油蔥（酥）、麻油味，甚至原湯、水煮皆各擅勝場。

　　近年來筆者因工作性質及個人喜好，刻意去探索台菜的源頭，上自古早味，下至新近流行創新台菜，加上在電視節目中不斷邀約許多台菜名廚現身說法，收集了各地失傳已久的台菜、小吃及名菜，值此古早台菜手藝面臨傳承危機之際，本人願將十數年來的心得與讀者分享，祈使經典台菜不致失傳，而您也可以在家輕鬆吃到美味的台菜。

傅培梅

作者序二

「小吃」可做正餐食用，亦可當點心，因為它經濟、實惠、快速，是上班族、學生、外食者的最愛。目前台灣流行的小吃，除了有台灣地域性代表的滷肉飯、碗粿、蚵仔煎、四神湯等之外，更融入了中國各省有著不同風味的點心、小吃，如紅燒牛肉麵、蔥油餅、牛肉餡餅、小米粥、各式粥品等亦受到大眾的歡迎。所以現在常見的小吃，涵蓋了中國各省及台灣地域性的各種美食。

您想開源節流嗎？全國的經濟持續不景氣，形成人人自危的失業意識。您如果想要節流，可學著做小吃，在家 DIY，經濟又衛生，吃了闔家歡喜。如果想小本創業，轉換跑道，「小吃」是最佳考量，也是最好的開源方法。再度創業應該要謹慎，不要貿然頂下權利金太高、房租亦昂的店面做小吃生意（除非擁有很多的資金），造成過大的壓力，最好是找夜市、騎樓、美食街租金合理的地方，才能推出符合大眾化的價位。

我因為在台北市農會的「市民農業講座」教授創業小吃研習班，連開了好幾期，每班都爆滿，在和多位同學的交談中得知，有數位同學在頂下店面前，並沒有學得好手藝，僅會一些家常普通口味就開始營業，無法抓住顧客的心，使客人再次上門，結果生意越來越清淡；有的是租金過高，成本無法調低。尤其現在的飲食業很競爭，若想開業，務必要習得好手藝，開店營業一舉成功的訣竅是好吃、便宜又大碗、頭家有親切感及服務的熱忱。有意加入「小吃」當老闆的話，希望大家能藉著這本書中的「創意小吃」當做指引，開創出自己的一片天空。

陳盈舟

出版序
— FOREWORD —

　　記得媽媽生前，在出版《美味台菜》的時候，我們曾經研究過「甚麼菜，最能代表台灣菜？」

　　的確，我們常掛在嘴邊的一些台菜，都是以小吃或家常菜為主，其實一些大菜，也就是早年的酒家菜、宴客菜，在出版《美味台菜》的 80 年代，已經很少見了，常聽一些台菜的老師傅提起過、做過，媽媽認為應該將它們記錄下來，以免失傳，就這樣，在媽媽眾多的食譜中，出現了以台灣菜為主的《美味台菜》。

　　在《美味台菜》中，你可以欣賞到古早美麗又好吃的「花開富貴蝦」、「雙喜龍蝦」、「冬瓜帽」，也有許多是我們現在耳熟能詳又喜愛的「香菇肉燥」、「鹹蜊仔」、「菜脯蛋」，一貫秉持媽媽食譜的特色——步驟解說詳細，又有小圖示，照著做絕對有成功的把握！

　　台菜中除了宴客菜和家常菜這一部分之外，還有許多大受歡迎的小吃，許多出國多年的遊子回來後，就要去逛夜市、吃小吃，因此多年前公司還請跟著媽媽二十多年的陳盈舟老師出版了一本《一技在身創業流行小吃》，也大受歡迎。

　　這次我特別將兩本書結合，出版了這本《美味台灣菜－138道傳統美味與流行創業小吃》，也算是集合了完整的台菜，呈現在讀者面前，希望大家都能喜歡，在您的家中收藏一本完整的美味台菜！

程安琪

CONTENTS
目錄

美味台菜
傅培梅・程安琪

一技在身創業流行小吃

陳盈舟

麵粉類小吃

美味台菜

傅培梅・程安琪

傅培梅 老師

　　生於 1931 年，自 1960 年創立中國烹飪班，開始開班授課，1962 年開始在台灣電視公司製作並主持烹飪教學節目長達 39 年，示範無數美味的菜點。

　　在台灣，傅培梅三個字幾乎與中國菜齊名，從開播最早、歷史最悠久並為多人所熟知的「家庭食譜」到「傅培梅時間」，多年來一直是廣大觀眾學習烹飪廚藝的最佳選擇。

　　40 餘年來，傅培梅老師發揚中國烹調藝術不遺餘力，著有中、英、日文食譜計 48 本，銷售海外各地，藉而推廣與發揚中華美饌。

　　傅老師於 2004 年 9 月 16 日與世長辭，留下了精彩豐富的一生與世人緬懷。

程安琪 老師

　　大學畢業後即跟隨母親傅培梅學習烹飪，至今已有 40 年烹飪教學經驗，曾與母親一起主持眾多烹飪節目，現在也經常受邀在各大美食節目示範演出，親切認真的教學、專業詳細的解說深受觀眾喜愛。

◆**著作**

請客、健康好鹼單、醃菜與泡菜、愛吃醋料理、超人氣中式輕食、變餐、辣翻天、滷一滷變一變、上海媳婦的家常菜、小乾貨·大幫手、熱炒、在家做西餐、家家鍋中有隻雞、程安琪 30 年入廚心得……等 40 多本食譜書。

三杯土雞

　　燒煮三杯雞時，應選用質材厚實、較不透氣的鍋具，才能保持原味及香氣。用三杯料燒出來的味道已成為一種統稱，可燒的材料很多，如中卷（鮮魷）、河鰻、牛小排、杏鮑菇、鮮筍等。現代人口味較輕，因此老法中麻油、醬油、酒各一杯的調味份量已有改變，可自行調整。

材料 INGREDIENTS

土雞（或半土雞）	半隻
薑片	15 片
大蒜	6 粒
紅辣椒	1 支
九層塔	數支

▶ 調味料

黑麻油	½ 杯
米酒	1 杯
醬油	2 大匙
糖	1 茶匙

作法 PRACTICE

01　將雞斬剁成 3 ～ 4 公分長方塊。大蒜粒用刀面輕拍一下備用。

02　用砂鍋或特製的厚鋁合金鍋燒熱麻油，放下薑片與大蒜煎香（圖 B），再加入雞塊煸炒，約 2 ～ 3 分鐘（圖 C），見雞肉轉白即淋下調味料拌勻，改用小火燜燒至雞肉夠熟，汁將收乾為止。

03　撒下切段的紅辣椒及九層塔，便可蓋妥鍋蓋，整鍋送席供食。

A

B

C

鳳梨苦瓜雞

苦瓜可切大塊一點，比較耐煮，醃鳳梨已有相當鹽分，不必再加鹽，如苦瓜太苦，可將切好的苦瓜先燙一次滾水，去除一些苦味，再同雞一起燒煮。

材料 INGREDIENTS

土雞	半隻	薑片	5 片
醬醃鳳梨	1 杯	**▶ 調味料**	
苦瓜	1 條	酒	1 大匙
小魚乾	20 尾	胡椒粉	少許
蔥	2 支		

作法 PRACTICE

01　將雞洗淨，連骨頭剁成 1 寸半大小，放入滾水中燙 2 分鐘，撈出再洗淨。（圖 B）

02　苦瓜剖開，除掉籽後，切成 1 寸多長塊。（圖 B）

03　鍋中煮滾水 6 杯，加入雞塊、蔥和薑燒約 20 分鐘（此時可加小魚乾同煮）。

04　放入豆醬醃泡的鳳梨及 ½ 杯醃汁（包括若干豆醬粒）和苦瓜（圖 C），再用小火續煮 30 分鐘即可，裝碗上桌。

冬菜鴨

此菜高湯可用煮鴨湯代替，冬菜已有鹹味，可在最後試味之後，再酌量加鹽調味即可上桌。

材料 INGREDIENTS

鴨	半隻			
蔥	1 支			
薑	3 片			
冬菜	1 兩			
筍	1 支			
高湯	5 杯			

▶ 調味料

酒	1 大匙
醬油	½ 大匙
鹽	¼ 茶匙

作法 PRACTICE

01 將鴨洗淨，放入滾水中以小火煮至熟，待稍冷後，斬切 1 寸半長方塊。

02 筍去殼、削好，先切成厚片，再切成粗條。

03 冬菜用水泡一下，馬上撈出，放在蒸碗的中間，再挑選出皮面較整齊的鴨塊，皮向下排在碗底的冬菜上。待鴨塊排好後，將切粗條支筍條放滿（圖 B）。最上面在放蔥支及薑片，並淋下酒及高湯 1 杯，以大火蒸 1 小時左右。

04 將蒸碗中的湯汁泌到高湯鍋中，冬菜鴨扣到湯碗內，高湯中酌量加少許鹽調味，倒入鴨子中即可上桌（亦可以撒下一些青蒜絲）。

薑母鴨

沾鴨肉的醬料有二種，其一為白豆腐乳壓碎，加少許水攪拌成濃稠的醬汁，即成白豆乳醬。其二為醬油加魚露（或蝦油）調勻，亦可再放些紅辣椒碎片即成辣魚露汁。

材料 INGREDIENTS

鴨	半隻（約1斤半）
老薑	5片

▶ 調味料

黑麻油	3大匙
米酒	1杯
水	4杯

▶ 沾醬

白豆乳醬	1小碟
辣魚露汁	1小碟

作法 PRACTICE

01　將麻油在鍋內稍熱，煎黃老薑，放下剁成長方塊的鴨塊（圖B），以中火煎炒約4～5分鐘後，淋下清水4杯，先以大火煮滾，再改用小火燒煮約1小時半左右。

02　將米酒加入鍋內，再煮至沸滾即可盛入大碗中，附上沾料上桌食用。

八珍燴翅

此為台菜中的著名的大菜,過去在常於宴席中出現,今日因倡導保護稀有生物的緣故,多數人不吃魚翅。

材料 INGREDIENTS

水發魚翅	1 斤	魚板絲	⅓ 杯	鹽	⅓ 茶匙
香菇絲	½ 杯	蔥、薑	各酌量	糖	½ 茶匙
水發魚皮	半斤	高湯	6 杯	胡椒粉	少許
瘦豬肉絲	4 兩			烏醋	酌量
金菇	1 把	▶ 調味料		麻油	酌量
熟胡蘿蔔絲	¼ 杯	醬油	3 大匙		
熟筍絲	1 杯	酒	2 大匙		

作法 PRACTICE

01　將魚翅和整塊魚皮放入鍋內,加水及少許蔥、薑煮約 10 分鐘,至微軟已除腥氣(圖 B)。撈出魚皮,切成粗絲。肉絲用少許醬油、太白粉和水拌醃 10 分鐘(圖 C)。

02　起油鍋煎香蔥段、薑片後,淋下酒 1 大匙、醬油 1 大匙和高湯 2 杯,全部倒進魚翅中,煮約 3 分鐘,撈出魚翅。再將魚皮下鍋也煮 3 分鐘,撈出。

03　將 3 大匙油燒熱,炒散肉絲,加入蔥屑及香菇同炒,繼續加入魚皮絲、筍絲、金菇(切對半)、胡蘿蔔絲等,並淋下酒、醬油、鹽、糖、胡椒粉,再注入高湯 4 杯,煮約 4 分鐘即撈出全部材料,盛到大盤內。

04　將魚翅下鍋,在步驟 03 的湯汁中煮 1 分多鐘,並淋下調水的太白粉勾芡,滴下麻油和烏醋,略加拌勻即澆到大盤中的材料上面,裝盤食用。

桂花炒魚翅

將蛋液炒成碎碎的小塊狀似桂花，故以桂花名之。

材料 INGREDIENTS

水發魚翅（散翅）
　　　　　　　　4 兩
洋蔥絲　　　　⅓ 杯
香菇絲　　　　⅓ 杯
筍絲　　　　　⅓ 杯
胡蘿蔔絲　　　⅙ 杯
熟火腿絲　　　¼ 杯
蛋　　　　　　3 個
高湯　　　　1½ 杯
香菜　　　　　少許

▸ 調味料
鹽　　　　　¼ 茶匙
醬油　　　　1 大匙
糖　　　　　¼ 茶匙
胡椒粉　　　　少許
麻油　　　　　數滴

▸ 煨魚翅料
蔥　　　　　　1 支
薑　　　　　　2 片
酒　　　　　1 茶匙
醬油　　　　½ 大匙
高湯　　　　1½ 杯

作法 PRACTICE

01　用少許油煎香蔥、薑，淋下酒、醬油與高湯，
　　放入水發魚翅，以小火煨煮 5 分鐘，撈出。

02　另將蛋打散，加入鹽 ¼ 茶匙及魚翅，再繼續攪
　　拌均勻。（圖 B）

03　起油鍋，用 2 大匙油炒軟洋蔥絲及胡蘿蔔絲、
　　香菇絲、筍絲等，加入醬油、糖與胡椒粉調味
　　後，將蛋汁料淋下（可沿鍋邊先淋 1 大匙油），
　　大火拌炒，見蛋汁凝固、成為均勻的碎片時，
　　撒下火腿絲即可熄火，滴入麻油，略加鏟拌便
　　可盛在鋪了生菜的盤中，並可撒上少許香菜。

鮑魚肚

罐頭鮑魚等級相差很多，口感亦有不同，許多罐頭鮑魚用貝類混充，這道是宴客菜，應以較好的鮑魚來製作。

材料 INGREDIENTS

罐頭鮑魚	半罐		酒	少許
豬肚	1 個		八角	1 顆
筍	2 支			
高湯	4½ 杯		▶ 調味料	
			鹽	酌量
▶ 煮豬肚料			酒	少許
蔥	2 支		麻油	少許
薑	2 片			

作法 PRACTICE

01　罐頭鮑魚視其大小，可直切或橫片成 2 寸多長的大薄片，排列在碗底。（圖 B）

02　豬肚洗乾淨後先燙 1 次滾水，再另用清水加煮豬肚料，煮 1 小時半至夠爛為止。取出待冷後切成長方條狀，亦鋪放到碗中。（圖 C）

03　竹筍煮熟去殼，直切成厚片（長度與鮑魚相仿），全部填入碗中，淋下高湯 ½ 杯（圖 D），上鍋蒸20 分鐘。蒸好後，泌出湯汁，材料倒扣到大湯碗內。

04　另煮滾高湯 4 杯（加入泌出的湯汁），並加鹽、酒調味，注入大碗內，滴下麻油少許，即可送席。

紅燒頭菇刺參

新鮮的杏鮑菇、鮑魚菇也可用來取代猴頭菇。如用乾的猴頭菇，
則需先浸水，待泡軟後再切片。

材料 INGREDIENTS

乾猴頭菇	5 個	高湯	2 杯	鹽	¼ 茶匙
（或罐頭裝 1 罐）		蒜屑	1 茶匙	糖	½ 茶匙
水發海參（小刺參		薑末	½ 茶匙	胡椒粉	少許
為宜）	1 斤			太白粉水	適量
熟筍片	20 片	▶ 調味料		麻油	數滴
胡蘿蔔（花片）	10 片	酒	2 大匙		
芥菜	½ 棵	醬油	3 大匙		

作法 PRACTICE

01 海參放冷水中（冷水中加蔥、薑和酒各少許）煮 5 分鐘，出水、去腥（圖 B），
再改切成大拇指般大小。

02 猴頭菇切厚片後用滾水川燙一下瀝出（如使用罐頭製品，倒出後沖洗一下、
切片即可）。（圖 C）

03 用 1 大匙油爆香蔥段、薑片，淋 1 大匙酒和 1 大匙醬油，放下海參爆炒 1 分鐘，
瀝出備用。

04 芥菜修切成菱角形，用滾水燙過，撈出沖冷水，涼後瀝乾。

05 另用油炒大蒜屑及薑末後，放下猴頭菇、海參、筍片、胡蘿蔔片略炒，注入高
湯，加醬油 2 大匙、酒 1 大匙、鹽、糖、胡椒粉等燒煮 3 ～ 4 分鐘左右。再加
入芥菜同煮一下便勾芡，滴入麻油即盛入大盤中（芥菜應先挾出排列盤邊）。

扁魚肉丸燒海參

扁魚乾又稱大地魚乾,是台菜中常用的一種食材,煎的時候火
候要小,否則變黑就會有焦苦的味道。

材料 INGREDIENTS

扁魚乾 .... 2 片
絞豬肉(前腿肉）
.... 6 兩
水發海參(刺參）
.... 1 斤
蔥 .... 1 支
薑 .... 3 片
香菜 .... 少許

▶ 拌肉料

醬油 .... 1 大匙
酒 .... ½ 大匙
鹽 .... 少許
太白粉 .... 1 大匙
蒜、薑屑 .... 少量
清水 .... 3 大匙

▶ 調味料

酒 .... 1½ 大匙
醬油 .... 2 大匙
高湯 .... 1½ 杯
鹽 .... 少許
糖 .... 少許
胡椒粉 .... 少量
太白粉水 .... 適量
麻油 .... 少量

作法 PRACTICE

01　將扁魚用溫油、小火炸成茶黃色,挾出後放涼,切成細碎末。（圖 B）

02　海參整條放鍋中,加水 3 杯及蔥、薑和酒 ½ 大匙,用小火煮 5 ～ 10 分鐘去
腥（視海參的軟硬度而定）,撈出後打斜切成片狀。

03　絞肉中加入拌肉料,仔細以同一方向攪拌至有黏性為止。將約 1½ 大匙量的
肉料放在手掌中,捏成圓形丸子,全部用油炸黃。（圖 C）

04　起油鍋,煎香蔥段、薑片,放下海參及肉丸,淋下酒、醬油與高湯,並加鹽、
糖、胡椒粉調味,燒煮 5 分鐘左右即勾芡,再淋下麻油,熄火。撒下扁魚末
和香菜段即可裝盤食用。

香菇腳筋

　　腳筋又稱蹄筋（圖 B），將乾腳筋整支泡在溫冷油中，慢慢加溫，見其開始縮彎時，淋入少量清水，使其爆發（蓋好鍋蓋以免濺出），重複淋水動作四至五次，見腳筋已漲大即撈到水盆內，浸泡到漲大、夠軟為止，約二至三天，此為豬腳筋泡發的方法。

材料 INGREDIENTS

豬腳筋（水發腳筋）	12 兩	蒜屑	1 大匙	高湯	1½ 杯
絞肉	3 兩	薑屑	½ 大匙	鹽	少許
香菇	5 朵	▶ 調味料		糖	少許
筍（小）	1 支	酒	1 大匙	胡椒粉	酌量
豌豆莢	10 片	醬油	2 大匙	太白粉水	適量
				麻油	酌量

作法 PRACTICE

01　將豬腳筋由中間叉開處切兩半（圖 C），用水燙煮 3 分鐘撈起。

02　絞肉用少許太白粉及醬油抓拌，香菇泡軟、去蒂，每朵斜切成 3 片。筍煮熟，直切薄片或花片（5 公分長度）。

03　起油鍋，用油 2 大匙爆香蔥、薑，放下絞肉炒散，加香菇、筍片、豌豆莢及腳筋同炒，淋下酒、醬油、高湯和調味料，以小火燒透（約 3～4 分鐘）。

04　淋下調水的太白粉使湯汁黏稠，滴入麻油，即可裝盤。

正宗佛跳牆

近年佛跳牆已成年菜首選，但價格相差異頗大，便宜的佛跳牆只是雜燴而已，應使用高檔食材製作，才堪稱為佛跳牆。此菜所用的材料，山珍、海味均可，其份量多寡不拘，但蒸燉時間需夠久才味美。

材料 INGREDIENTS

大芋頭	1 斤	筍	2 支	雞湯	10 杯
豬腳	半斤	鮑魚（罐頭）	1 粒	麵粉	3 大匙
雞	半隻	中國火腿	2 兩		
熟豬肚	½ 個	香菇	10 朵	▶ 調味料	
雞肫	5 個	紅棗	15 粒	酒	3 大匙
水發蹄筋	4 兩	蓮子	15 粒	醬油	3 大匙
乾栗子	15 粒	水發魚翅	半斤	鹽	酌量
干貝	2 兩	海參	3 條	胡椒粉	少許

作法 PRACTICE

01　大芋頭削皮，切成大方塊，拌上少許醬油後炸黃，放入盅內。（圖 B）

02　豬腳切塊與雞塊在滾水中燙過後，混和裝入盅內，上面再放熟豬肚片、筍塊、蹄筋和預先泡軟的栗子、紅棗、蓮子和香菇，再放入切條的火腿、干貝粒和鮑魚塊，最上面覆蓋一層出過水的海參和魚翅。

03　用油 4 大匙煎蔥、薑，再放入麵粉炒黃，注入雞湯燒滾，淋下醬油、酒、鹽和胡椒粉調味後倒進盅內，封住盅口，上鍋隔水燉 5 小時左右。（圖 C）

04　上桌後分裝小碗而食用（每碗材料應盡量分得平均才好）。

焢肉

台菜中的「焢肉」即一般的紅燒肉。也有用生肉切厚片，先醃再炸，之後去焢的，用生肉做出來的焢肉，肉的形狀較不整齊。習慣上多將焢肉的湯汁用來燜燒筍絲（或筍乾），做成焢筍絲。

材料 INGREDIENTS

豬五花肉（連皮整塊）	1 斤半	▶ 調味料		
蔥	3 支	酒		⅓ 杯
薑	2 片	醬油		1 杯
大蒜	4 粒	冰糖		1½ 大匙
八角	1 顆	五香粉		少許

作法 PRACTICE

01　將豬肉整塊入鍋，加水（要蓋到肉）和少量蔥、薑煮 30 分鐘，取出待涼後，切成 5 公分寬，0.8 公分厚的片狀。（圖 B）

02　鍋內放蔥、大蒜、八角、醬油、糖、酒及煮肉的湯汁（加水到夠 3 杯量），先煮滾再放入肉片，以中小火慢燉 1 小時半，至肉夠爛為止。（圖 C）

03　如湯汁仍太多而色澤不夠醬紅，可以不蓋鍋蓋，以大火滾煮片刻，使汁收乾一些即可（若是做焢肉飯用，則湯汁要多一些）。

蛋黃肉

瓜子肉

蛋黃肉

用前腿來做絞肉比後腿嫩，絞肉要朝同一方向攪拌生筋，吃起來才有彈性，鹹蛋黃整粒較不易蒸透，所以切成兩半來用。

材料 INGREDIENTS

豬前腿絞肉	半斤	▸ 拌肉料	
鹹蛋黃	2 個	酒	1 大匙
香菇	2 朵	醬油	1½ 大匙
紅蔥酥	½ 大匙	鹽	¼ 茶匙
大蒜泥	½ 茶匙	糖	¼ 茶匙
		清水	½ 杯
		太白粉	½ 大匙

作法 PRACTICE

01　香菇泡軟切成小粒與絞肉同盛一碗內，加入紅蔥酥、大蒜泥、醬油、酒、糖和鹽後用力攪拌，再加入清水和太白粉繼續朝同一方向攪拌，使肉生筋有黏性為止。

02　分裝入 2 個飯碗內，並將鹹蛋黃切對半，平擺在肉面上（圖 B），移入蒸鍋內蒸 30 分鐘至熟為止。

03　可整碗上桌食用，也可倒出，改盛碟內食用。

瓜子肉

台式蒸肉丸或肉餅都習慣在肉中加入些許的蒜泥，風味特殊，別有一種風味。

材料 INGREDIENTS

醬瓜	½ 杯
豬前腿絞肉	10 兩
荸薺	6 粒
大蒜泥	½ 茶匙

▸ 拌肉料

酒	2 大匙
醬油	2 大匙
胡椒粉	⅙ 茶匙
糖	½ 茶匙
清水	⅔ 杯
太白粉	1 大匙

作法 PRACTICE

01　將絞肉放入大碗內，加入全部拌肉材料，仔細攪拌至完全吸收而呈黏稠狀為止。

02　醬瓜先切成細條，再切小粒，荸薺先拍扁後剁碎、擠去水分，和大蒜泥一起加入肉料內，再續向同一方向攪拌均勻。（圖 B）

03　取用深盤（或竹筒、直身茶杯、小蒸盅等），將肉料裝入（8 分滿即可）（圖 C）。上鍋以大火蒸熟（約 20 分鐘）即可，上桌時可直接上或倒扣在深碟內亦可。

糖醋
排骨

鹹酥
排骨

糖醋排骨

糖醋排骨的醬汁不要做太多或太稀，以免沾過蕃薯粉去炸之後，
排骨外層會太軟爛。

材料 INGREDIENTS

豬小排骨	半斤	▸ **醃肉料**		烏醋	2 大匙
蕃薯粉	½ 杯	醬油	½ 大匙	水	5 大匙
洋蔥	¼ 個	酒	1 茶匙	蕃茄醬	2 大匙
蔥小段	5 支	蛋黃	1 個	鹽	¼ 茶匙
大蒜	1 粒	太白粉	1 大匙	太白粉	2 茶匙
青椒	½ 個			麻油	少許
蕃茄	½ 個	▸ **糖醋汁**		桔紅色素	
		糖	3 大匙		少許（可不加）

作法 PRACTICE

01　剁成小塊的小排骨用醃肉料醃約 30 分鐘。洋蔥、青椒和蕃茄切四方塊，大蒜切片。（圖 B）

02　小排骨沾上蕃薯粉，投入熱鍋中，先用中火炸約 2 分鐘至熟。撈出後，重新將油燒熱，再放下小排骨，以大火炸酥，撈出，瀝淨油。

03　另用 2 大匙熱油炒香蔥段、洋蔥片和大蒜片，再放下蕃茄塊和青椒塊同炒，加入糖醋汁煮滾便可關火，倒下排骨，拌合一下即可裝盤。（圖 C）

鹹酥排骨

排骨要剁成小塊，才能炸得酥脆，同時要開大火，使排骨炸得外酥裡嫩。放蛋黃去醃也可增加炸排骨的香氣。

材料 INGREDIENTS

豬小排骨	半斤	大蒜泥	½ 茶匙	▶ 烹拌料	
蕃薯粉	½ 杯	醬油	1 大匙	五香粉	¼ 茶匙
		麻油	½ 茶匙	胡椒粉	¼ 茶匙
▶ 醃排骨料		蛋黃	1 個	鹽	¼ 茶匙
酒	1 茶匙				

作法 PRACTICE

01　小排骨選肉薄、骨細的部分，斬成骨長 2 公分大小，放碗內，加入醃排骨料仔細加以拌勻，醃約 30 分鐘。

02　將蕃薯粉撒在排骨上，並且每塊均用手指捏緊，使粉沾住（圖 B）。沾好後放 5 分鐘才投入燒熱的炸油中炸熟（先中火後改大火）。撈起，瀝乾油漬。

03　炸油倒出後，擦乾鍋子，再將排骨放回，同時撒下混和過的烹拌料，多加鏟拌均勻即可裝盤。（圖 C）

封腿庫

為讓此菜外表油亮，充滿光澤，可將麥芽糖加水，調稀後，
塗刷在燙過的蹄膀皮上，以代替炒黃的砂糖。

材料 INGREDIENTS

豬蹄膀	1 個
蔥	3 支
薑	3 片
八角	1 顆
筍乾	4 兩

▶ 調味料

油	2 大匙
黃砂糖	3 大匙
酒	2 大匙
醬油	5 大匙
麻油	少許

作法 PRACTICE

01 將蹄膀的外皮刮乾淨後，放入滾水中燙煮一下（約
1 分鐘），撈起後拭乾水分，塗上深色醬油，使皮
部著色。（圖 B）

02 用油炒黃砂糖成焦黃色後，淋下醬油煮滾，再將
蹄膀放下，翻轉多次，使皮的部分成光亮的醬油
色為止（圖 B）。

03 加入酒及蔥段、薑片、八角與滾水 5 杯，用小火
燒燉 2 小時半（需常加翻面並將湯汁澆淋到蹄膀
上）。

04 筍乾用熱水泡 10 分鐘後，在滾水中煮軟，撈出沖
洗一下，切成 2 寸長的小段，加入肉的湯汁中，用
小火燜燒 30 分鐘即可挾出裝盤，上面放置蹄膀，
並澆下湯汁（汁中先淋麻油）即可。

香菇肉燥

肉燥是家家戶戶的常備菜，可一次多做一些，冷卻後，裝入瓶中保存，隨時可加熱來利用，無論拌麵、拌飯、拌青菜、夾麵包、捲壽司或包飯糰均宜。

材料 INGREDIENTS

豬五花肉（三層肉）
....1 斤
紅蔥頭 ....10 粒
大蒜屑 ....2 大匙

香菇 ....6 朵

▸ 調味料
酒 ....¼ 杯
醬油 ....½ 杯

糖 ....½ 大匙
胡椒粉 ....⅓ 茶匙
五香粉 ....½ 茶匙

作法 PRACTICE

01　五花肉絞成大粗粒（也可切成小丁）。香菇泡軟、剁碎。紅蔥頭去除褐色外膜，切成薄片。（圖 B）

02　用 3 大匙油以大火煸炒絞肉至肉成收乾狀、且有油滲出時盛出。

03　利用餘油煎黃紅蔥片及大蒜屑，加入泡軟切碎的香菇，以大火炒香，淋下酒、醬油，並將肉再加入一起拌炒（圖 C），注入泡香菇的水及清水（共 3 杯量），煮滾後改小火燜煮 1 小時左右。

04　加入糖、胡椒粉、五香粉等調味料後，續燜煮 10 分鐘至湯汁黏稠而呈醬紅色即可。

九層
腰花

蔭油
滷大腸

九層腰花

腰子是豬的腎臟，有很重的臭味，必須在切刀口分割成小塊後泡水，並要多次換水浸泡，直至水清、不混濁時，再將腰子川燙。

材料 INGREDIENTS

豬腰	1 付			醬油	1 大匙
蒜頭（切片）	3 粒	▶ **醃豬腰料**		烏醋	½ 大匙
熟胡蘿蔔片	15 片	酒	½ 大匙	麻油	1 茶匙
熟筍片	20 片	醬油	½ 大匙	糖、鹽	各酌量
紅椒（切片）	2 支	太白粉	½ 大匙	胡椒粉	少許
九層塔	少許				
		▶ **綜合調味料**			
		酒	½ 大匙		

作法 PRACTICE

01　將豬腰橫面剖開，除淨白筋，在表面上（外面）每隔 0.5 公分劃切一刀口，再斜刀切成三刀相連的塊狀（圖 B），用清水多沖洗幾次後瀝乾，放入碗中，再用醃料抓拌醃數分鐘（圖 C）。瀝乾後再投入清水中川燙一下（半分鐘）。

02　燒熱 2 大匙油，爆香大蒜片，加入紅椒、胡蘿蔔和筍片等，並將豬腰放入，以大火拌炒。

03　將預先調合在碗中的綜合調味料淋下，快速鏟拌，並加入九層塔略拌，待透出香氣即盛出。

蔭油滷大腸

大腸有粗、有細，所以煮大腸時，粗、細應分開煮，細的部分要煮 1 小時，粗的部分要煮 1 小時半，然後再一起滷，軟爛度才會一致。

材料 INGREDIENTS

豬大腸	2 條	▸ 滷腸用料		酒	2 大匙
酒	1 大匙	八角	2～3 顆	薑	5 片
蔥	2 支	豆醬	1 大匙	糖	1 茶匙
薑片	3 片	醬油	5 大匙	鹽	½ 茶匙
八角	2 顆				

作法 PRACTICE

01　大腸用鹽搓乾淨，內部的脂肪亦要細心摘除，用滾水燙煮一下，撈起後再換水，加酒、蔥、薑和八角，同煮 1 小時至半爛。

02　鍋內燒 5 杯水，加入滷腸用料以大火煮滾，放入大腸（圖 B），改用小火同滷約 1 小時，見已夠爛時即可熄火。

03　腸頭肉較厚的部分對剖一半或剖 2 次，成為 1 公分多寬度、5 公分長的片狀，尾部較細、較薄部分則不必剖開，切短即可。盛裝適當份量，淋下滷汁，並附上薑絲便可食用。

清蒸
牛腩

沙茶
牛肉

清蒸牛腩

用肋條來切片較整齊，因此現在多以肋條代替牛腩。

材料 INGREDIENTS

牛腩或肋條	1 斤半
八角	2 顆
蔥	2 支
薑	2 片
青蒜絲	1 大匙
薑絲	2 大匙

▶ 調味料

酒	2 大匙
鹽	酌量
麻油	少許

作法 PRACTICE

01　湯鍋中加八角、蔥、酒及水 5 杯，煮滾後將整塊牛肉放入，煮約 2 小時，將牛肉取出。

02　待牛肉冷後，逆紋切厚片（圖 B），排入蒸碗中，將牛肉湯過濾到蒸碗中（需蓋過牛肉），加蔥段和薑片（圖 C），再入蒸鍋中蒸 30 分鐘以上，至牛肉夠爛為止。

03　加鹽調味，撒下青蒜絲和薑絲，淋少許麻油即可（亦可撒少許白胡椒粉以增添香氣）。

沙茶牛肉

此菜可先將空心菜炒過，墊在盤底，然後將牛肉炒好，盛放在空心菜上。

材料 INGREDIENTS

嫩牛肉	半斤	小蘇打粉	¼ 大匙
空心菜	半斤	水	2～3 大匙
鹽	少許		
蔥	2 支	▸ 綜合調味料	
薑	6 小片	沙茶醬	1½ 大匙
		醬油	½ 大匙
▸ 醃肉料		糖	1 茶匙
醬油	½ 大匙	酒	1 茶匙
太白粉	½ 大匙	水	1 大匙

作法 PRACTICE

01 嫩牛肉逆紋切成薄片。醃肉料先調勻後再放下牛肉片拌勻，醃 30 分鐘（圖 B）。

02 空心菜摘好、切段，洗淨備用。蔥切小段。（圖 C）

03 油 1 杯燒至 8 分熱，放下牛肉過油，以大火炒至牛肉變色即撈出。

04 用 2 大匙油先爆香蔥小段和薑小片，放入空心菜，以大火炒片刻，加入牛肉片和綜合調味料，拌炒均勻後，即可盛出。

八寶絨蛤

　　蛤蜊需選用較大粒的才好看。如欲保持蛤蜊肉嫩，可待肉餡蒸到快熟時，再放上蛤蜊肉同蒸 1 分鐘便可，其味則更鮮美。也可將煮蛤蜊的汁放冷後，取用 2 ～ 3 大匙拌在肉餡中。

材料 INGREDIENTS

蛤蜊	15 粒
絞豬肉	6 兩
荸薺	6 粒
洋蔥丁	2 大匙
香菇丁	2 大匙
紅椒丁	1 大匙
青椒丁	1 大匙

▸ 拌肉料

淡色醬油	½ 大匙
鹽	¼ 茶匙
糖	½ 茶匙
胡椒粉	少許
太白粉	1 茶匙

▸ 綜合調味料

淡色醬油	1 大匙
鹽	¼ 茶匙
糖	½ 茶匙
胡椒粉	少許
太白粉	2 茶匙
清湯（或水）	½ 杯

作法 PRACTICE

01 蛤蜊放在滾水中煮至即將開口（約 10 秒），取出並小心拿出蛤蜊肉。（圖 B）

02 絞肉中放入荸薺屑及拌肉料拌勻。選 15 個蛤蜊殼擦乾，撒下少許太白粉（圖 C），填入肉餡（圖 D）。手指沾水，抹光肉的表面，肉面上輕輕按個小洞，放上蛤蜊肉，以大火蒸 8 分鐘，移入餐盤中。

03 用 1 大匙油炒香洋蔥及香菇，倒下綜合調味料及青紅椒丁，煮滾後，澆在蛤蜊上面即可食用。

豆醬蚋仔肉

此菜最後可以用少許太白粉水勾薄芡，再淋上麻油，增添色澤、香氣。

材料 INGREDIENTS

蚋仔（蜆）或小蛤蜊	1 斤
豆醬	1 大匙
白豆腐乳	½ 塊
薑末	½ 大匙
蔥花	1 大匙

▶ 調味料

酒	½ 大匙
胡椒粉	少許
糖	¼ 茶匙
麻油	少許

作法 PRACTICE

01　豆醬取 ½ 大匙的量用刀面壓碎，和另外壓碎的白豆腐乳混和好備用。

02　蚋仔放入水中，見水滾而蚋仔開口時即熄火（圖 B），略為攪拌一下，撈出，剝下蚋仔肉，湯留用。（圖 C）

03　用油 2 大匙爆香薑末及蔥花，並加入剩下的豆醬及混和的白豆腐乳汁，淋下酒與 ¼ 杯蚋仔湯，加胡椒粉和糖調味後，將蚋仔肉放下，加速拌合，淋下麻油，連汁同盛入盤內上桌。

鹹蚋仔

蚋仔是半生熟的，因此要注意衛生，浸泡時應放置在冰箱中。

材料 INGREDIENTS

蚋仔（蜆）	半斤
蒜頭	6 兩
紅辣椒	1 支

▶ 調味料

醬油	3 大匙
醋	1 茶匙

作法 PRACTICE

01　在一大碗內放下拍碎的蒜頭及切小片的紅辣椒、醬油、醋拌妥。

02　蚋仔洗乾淨後放在鍋內，加水後靜靜放置在爐火上（不用開火），約 2～3 小時後見蚋仔已略開口，開火煮到水已微燙，蚋仔口不會再合起便可關火，撈出蚋仔。（圖 B）

03　將蚋仔放到備好的醬汁中，浸泡 4 小時後便可供食。（圖 C）

炒蔭豉蚵

蚵仔捲

炒蔭豉蚵

蚵在清洗時應仔細將蚵上黏附的蚵殼去除。蚵易出水，故須以大火快炒，在極短時間內完成才夠美味。

材料 INGREDIENTS

生蚵（牡蠣）	半斤
太白粉	少許
油	3 大匙
蔭豉	2 大匙
大蒜屑	1 大匙
青蒜	1 支
紅辣椒	1 支

▶ 調味料

酒	1 大匙
醬油	1 大匙
糖	½ 茶匙
麻油	½ 茶匙
胡椒粉	少許

作法 PRACTICE

01　將蚵用少許鹽輕輕抓洗後用水漂洗一下，瀝乾水分，拌上太白粉，投入滾水中，以中小火川燙一下，馬上撈起，瀝乾。（圖 B）

02　燒熱 3 大匙油，先爆香蔭豉與大蒜屑，再加入蚵後馬上淋下酒、醬油、糖、胡椒粉及麻油（可預先在一小碗內調合）。

03　撒下切成 1 公分長度的青蒜小段及切片的紅辣椒，快速加以拌合即可熄火，裝盤上桌。

蚵仔捲

台菜中常用豬網油來包裹食材後去炸，現在多改用春捲皮或豆腐衣代替。

材料 INGREDIENTS

生蚵（牡蠣）	4 兩	太白粉	2 大匙	鹽	少許
絞豬肉	4 兩	麵粉糊	少許	糖	½ 茶匙
荸薺	6 粒			胡椒粉	¼ 茶匙
韭菜丁	½ 杯	▸ 調味料		太白粉水	適量
春捲皮	4 張	酒	½ 大匙	麻油	少許
		醬油	1 大匙		

作法 PRACTICE

01 生蚵用鹽輕輕抓洗後，用水漂洗幾次，瀝乾水分，加太白粉 2 大匙拌勻備用。（圖 B）

02 用 2 大匙熱油爆炒絞肉，加入荸薺丁及調味料炒勻，勾芡後熄火，淋下麻油及韭菜丁。

03 春捲皮每張分成 2 小張，包入 1½ 大匙的絞肉料，放下 3 ～ 4 粒生蚵，包捲後再用麵粉糊封住封口（圖 C）。

04 油燒至 8 分熱後，放下蚵捲，用小火炸酥，最後開大火炸 10 秒逼出油，撈出，瀝乾油漬，裝盤（亦可切成 2 段），附上花椒鹽或海山醬沾食。

三色蝦仁

炸小蝦捲

三色蝦仁

蝦仁剝去外殼時應先用鹽及太白粉抓洗一下，再沖洗多次，去除蝦仁外的黏液，擦乾水分也是非常重要的步驟，蝦仁才會脆爽。

材料 INGREDIENTS

新鮮蝦子	1 斤	▶ **醃蝦料**		清湯	2 大匙
蔥	2 支	蛋白	1 大匙	鹽	⅛ 茶匙
薑	10 小片	鹽	¼ 茶匙	糖	⅛ 茶匙
白果（銀杏）		太白粉	½ 大匙	太白粉	½ 茶匙
	2 大匙			麻油	¼ 茶匙
青豆	1 大匙	▶ **調味料**			
紅椒丁	1 大匙	酒	1 茶匙		

作法 PRACTICE

01 蝦剝殼抽去腸砂後，用少許鹽及太白粉抓洗，再用多量水拍打、沖洗乾淨，瀝去水分再用紙巾擦乾。

02 用醃蝦料拌勻蝦仁，醃 20 分鐘。（圖 B）

03 將 3 杯油燒至 8 分熱，放下蝦仁過油約 20 秒，至蝦仁轉成紅白色時撈出。再將 3 種配料放入過油，約 10 秒鐘即撈起，油倒出。

04 利用鍋中餘油爆香蔥段及薑片，放下蝦仁、三色配料和綜合調味料，用中火炒均勻後即可盛裝盤中。

炸小蝦捲

此菜要非常注意油溫及火候，因如用豆腐衣包捲食材，油太熱或火太大，都會使豆腐衣變焦黑，要格外注意，才能做出外型佳又美味的蝦捲。

材料 INGREDIENTS

小蝦仁	4 兩
魚漿	3 兩
荸薺	4 粒
肥肉（煮熟）	少許
蔥屑	½ 大匙
豆腐衣	3 張

▸ 醃蝦料

蛋白	1 大匙
鹽	¼ 茶匙
太白粉	½ 大匙

▸ 調味料

鹽	少許
糖	¼ 茶匙
麻油	½ 茶匙
五香粉	少許
水	1 大匙

作法 PRACTICE

01　小蝦仁清洗乾淨後擦乾水分，切成小粒，加入醃蝦料醃 10 分鐘。

02　荸薺切小丁，熟肥肉也切成小粒和蝦仁一起拌入魚漿中，加調味料仔細拌勻。（圖 B-C）

03　將豆腐衣分割成 5 公分 × 7 公分長方形，每張包入約 1 大匙量的蝦泥，捲成長筒狀，封口處抹少許蝦泥黏住即可。（圖 D）

04　在 8 分熱油中，以小火將蝦捲炸至外皮酥脆即可撈出，趁熱附花椒鹽或蕃茄醬上桌。

蔭豉蒸草蝦

蒸蝦時，水量最好多放一些，才會有充足的蒸氣，使蝦肉Q彈。
一定要等水大滾之後，才能把蝦子放進蒸鍋中。

材料 INGREDIENTS

新鮮大草蝦	14 隻	▶ 調味料		
蔭豉	1½ 大匙	醬油	2 大匙
蒜頭	3 粒	酒	1 大匙
蔥粒	½ 杯	油	3 大匙
		糖	½ 茶匙

作法 PRACTICE

01　將每隻草蝦分別剪去鬚、腳，並用牙籤挑出腸泥後，全部投入滾水中快速燙 3 ～ 5 秒鐘，撈出後排列在大盤中呈一菊花狀。（圖 B）

02　在一小碗內，混和好蔭豉（泡洗一下）、蒜頭（切碎）、醬油、酒與糖，將此醬汁均勻地淋在草蝦面上，即整盤放進大滾的蒸鍋上蒸 5 分鐘左右。

03　在蝦上撒下蔥粒，並另外燒 3 大匙熱油澆到蔥及蝦上，使其發出香氣即可裝盤食用。

脆皮蝦丸

蝦丸所用的蝦仁要非常新鮮，口感才會脆爽，若以草蝦或蘆蝦、甚至明蝦來製作，效果會更好。蝦泥拌好後，需放入冰箱中冷藏 30 分鐘以上，再取出製作，將會有極佳的口感。

材料 INGREDIENTS

蝦仁	12 兩	蔥屑	2 茶匙
絞肥肉	3 兩	薑汁	½ 茶匙
吐司麵包	6 片	酒	2 茶匙
		鹽	¼ 茶匙
▶ 拌蝦料		蛋白	1 個
水	1 大匙	太白粉	1 大匙

作法 PRACTICE

01　蝦仁用鹽及太白粉抓洗，再用清水沖淨，擦乾水分後用刀面拍碎，再用刀背剁成泥，盛入大碗中。

02　碗中加入絞肥肉並放入拌蝦料，朝同一方向，仔細攪拌至有黏性。（圖 B）

03　吐司麵包冰硬後切除硬邊，再切成黃豆般小粒，放在大盤中。（圖 B）

04　蝦泥做成丸子狀，再放在麵包丁上滾動，使沾滿麵包丁（圖 C）。投入 8 分熱油中，以小火炸至外層酥脆（約 1 分鐘半）且呈金黃色即可撈出，瀝乾油裝盤，附沾料上桌。

日月大蝦

此為台菜酒席中的手工菜，手工繁複，正好展現台菜的精緻。

材料 INGREDIENTS

明蝦	5 隻
熟鵪鶉蛋	5 粒
韭菜	10 小支
紫菜（3 公分 × 7 公分）	5 張
太白粉	¼ 杯
生菜葉	數片

▶ 調味料

鹽、胡椒粉	少許
麻油	少許
蛋白	1 個
太白粉	1 大匙

作法 PRACTICE

01　將明蝦去頭、剝殼（留下尾殼），由背部剖開成一大片，抽出砂腸與腹部的白筋，並在蝦肉上直劃兩刀，撒下醃蝦料醃片刻。（圖 B）

02　鵪鶉蛋對剖為二，中間橫放 2 支韭菜（韭菜與蛋的長度相同），兩半再對合後用紫菜包捲起（圖 C），放到蝦肉上。將蝦肉由頭部向尾部推捲（尾部翹起），沾滿乾太白粉。（圖 D）

03　將蝦用熱油以小火炸熟約 3 分鐘，趁熱從中間對切兩半，切口向上排入碟中（蝦頭先炸熟排列到碟中，作裝飾用）。

花開富貴蝦

明蝦經太白粉沾裹、燙過，再冰鎮，口感脆爽，非常美味。香菇泡軟後，放入蒸碗中，加入適量的醬油、糖和油，蒸 20～30 分鐘即可取出待用。

材料 INGREDIENTS

明蝦	4 隻
太白粉	½ 杯
雞蛋	3 個
高湯（冷）	1 杯
白果	12 粒
香菇	6 朵
芥菜	半棵
高湯	1½ 杯

▶ **調味料**

鹽、酒	各少許
胡椒粉、雞粉、太白粉	各酌量
麻油	少許

作法 PRACTICE

01 將明蝦剝殼取肉，由背部剖開，放在太白粉上，用擀麵棍敲打擀壓，使蝦肉變大、變薄（正反兩面均要沾滿太白粉）。（圖 B）

02 蛋打散，加少許冷高湯及鹽混和，倒入大盤中，上鍋蒸熟。取出後在盤邊排列，並用蒸過的香菇做點綴。

03 燒一鍋滾水，將蝦片放入川燙至熟，撈到冰水中泡一下，取出瀝乾水分（圖 C），橫切成 4 段（每段約 1 寸寬度）。

04 將蝦片由小而大，從中心圍插在蒸蛋上，使成為一朵牡丹花形狀（圖 D），周圍排放水煮白果。兩側放削成片且燙過的芥菜。

05 煮滾高湯，加鹽、胡椒粉調味後再勾芡，全面淋下即可食用。

金蟬脫殼

剝蝦肉時，先將腹部劃開再取肉，要保持蝦殼完整。蝦殼內抹少許太白粉，塞入肉餡，可防止肉餡脫落。

材料 INGREDIENTS

小明蝦	12 隻
紋豬肉	6 兩
荸薺	6 個
洋菇	8 粒
豌豆莢	12 片
蔥	2 支
薑	6 片
酒	1 茶匙

▶ 醃蝦料

蛋白	1 大匙
鹽	1/4 茶匙
太白粉	1 大匙
酒	1 茶匙

▶ 拌肉料

蔥屑	2 茶匙
酒	2 茶匙
醬油	1 茶匙

鹽、糖	各 1/4 茶匙
胡椒粉	少許
太白粉	1 1/2 茶匙

▶ 綜合調味料

鹽	少許
清湯	2 大匙
麻油	1/4 茶匙
太白粉	1/2 茶匙
白胡椒粉	少許

作法 PRACTICE

01　明蝦摘下蝦頭，蝦身切成 2 段，仔細將中段蝦肉由腹部剝出（圖 B）。由背部片開蝦肉成一大片，用醃蝦料拌醃 20 分鐘以上。

02　絞肉中加荸薺屑及拌肉料拌勻，再填塞到中段蝦殼中（圖 C）。外表沾上太白粉，全部用熱油炸熟，撈出排盤。

03　蝦尾段醃少許鹽，和蝦頭用熱油炸熟，排盤（也可以沾太白粉再炸）。

04　蝦肉放入 8 分熱的油中炒約 10 秒，再放下豌豆莢及洋菇片一起過油片刻。撈出後將油倒出，用餘油爆香蔥段及薑片，再放下蝦及配料同炒，淋酒及綜合調味料，以大火炒勻便可裝入盤中（可用馬鈴薯絲炸 1 個雀巢盛裝）。

雙喜龍蝦

龍蝦活著時，蝦頭不易扭下，亦可待蒸熟後再扭下。也可以不做馬鈴薯沙拉，多切些高麗菜絲做為墊底用。

材料 INGREDIENTS

龍蝦	2 隻	馬鈴薯	2 個
高麗菜	1½ 杯	青豆	½ 杯
水果片	適量	胡蘿蔔	½ 杯
沙拉醬	1 杯	蘋果丁	½ 杯

作法 PRACTICE

01 蝦尾處插入一支筷子，待龍蝦停止不動時，扭下龍蝦頭，上鍋大火蒸熟。（圖 B）

02 取出龍蝦，待冷後由腹部剖開，剝出整塊龍蝦肉，用利刀切成大斜片，蝦殼及頭要完整保留。

03 馬鈴薯與胡蘿蔔煮熟後剝皮，切成小丁，全部放入大碗內，加入青豆粒、蘋果丁及沙拉醬仔細拌勻（需酌加鹽及胡椒粉調味），鋪放在盤上，成為 2 個條狀（盤底先鋪放洗淨切絲的高麗菜絲）。

04 將龍蝦片整齊地鋪排在馬鈴薯沙拉上面（圖 C），再將沙拉醬擠成細條狀，四周排列 2 種水果片。

05 將龍蝦頭及身殼刷上少許油後，放置到大盤的兩端即成。

五味九孔

有人習慣保留九孔腹部，僅摘除嘴尖亦可。

材料 INGREDIENTS

活九孔	14 粒
蔥（切碎）	2 大匙
薑末	1 茶匙
大蒜泥	1½ 茶匙

▶ **五味醬料**

醬油	2 大匙
蕃茄醬	1 大匙
糖	2 茶匙
烏醋	½ 大匙
麻油	½ 大匙

作法 PRACTICE

01　九孔儘量選購大小相同的。烹調前每個都刷洗乾淨（變白），並摘除底面的腹部和嘴尖（含沙）（圖 B），排列在盤中（圖 C）。待水沸滾時，放入蒸鍋內，用大火蒸熟（約 4 分鐘）。

02　在一碗內調勻五味醬料，再加入蔥屑、薑末及大蒜泥略為拌合。

03　將九孔排入大盤中，在每一粒上淋下約 1 茶匙的五味醬，即可上桌。

A B C

豉醬燒蟹

此菜也可用台灣黃豆醬來燒。任何種蟹皆可使用，如選用活蟹則味道更鮮美。

材料 INGREDIENTS

活蟹	2 隻	▶ 調味料	
麵粉	½ 杯	酒	1 大匙
豆豉	1 大匙	糖	1 茶匙
大蒜屑	½ 大匙	醬油	2 大匙
薑末	½ 大匙	胡椒粉	少許
蔥薑絲	½ 杯	水	1 杯
		麻油	少許

作法 PRACTICE

01 蟹揭開蓋後，摘除胃袋、肺葉和心臟等部分，先直切成兩大半，再橫切三小塊（每塊均帶一蟹腳）（圖 B），全部沾上麵粉（圖 C），用熱油炸黃。

02 燒熱 2 大匙油，先爆香豆豉、大蒜及薑末，淋下酒、糖、醬油、胡椒粉與水，再放下蟹塊一起燒煮。

03 見湯汁將收乾時滴下麻油，再撒下蔥薑絲即可裝盤。

鹹蛋
小卷

蒜味
透抽酥

鹹蛋小卷

鮮魷應選較細長形狀的，外型較為美觀。將鹹蛋黃灌入時，應先用牙籤在魷魚尾部插幾個小洞，使空氣易排出，才能灌得均勻，鮮魷熟後會縮，所以不要灌的太飽滿。

材料 INGREDIENTS

新鮮魷魚（小卷）	2 條	米酒	1 大匙
鹹鴨蛋黃	8 個	高麗菜絲	½ 杯
青豆	2 大匙	沙拉醬	適量
洋火腿丁	2 大匙		

作法 PRACTICE

01 鮮魷洗淨，用 1 大匙酒將魷魚內外塗抹一遍，瀝乾（圖 B）。

02 鹹蛋黃蒸熟，待涼，稍微捏碎一點，再灌入鮮魷中（圖 C），並將青豆及洋火腿分數次散放其中，待全部灌好後，開口處用牙籤別住。

03 將灌好的鮮魷放入蒸鍋中，用中火蒸 15 分鐘。取出，稍涼後，即可切成片排入盤中（盤底墊切絲的高麗菜），可附沙拉醬沾食。

蒜味透抽酥

透抽是新鮮魷魚的一種，質地比較滑嫩、細緻，也可用其他種類的魷魚來做。

材料 INGREDIENTS

新鮮魷魚（透抽）	12 兩	糖	½ 茶匙
蕃薯粉	¾ 杯	五香粉	¼ 茶匙

▶ 醃料

酒	1 大匙
蒜泥	1 茶匙
鹽	¼ 茶匙

▶ 糊料

麵粉	2 大匙
太白粉	1 大匙
水	3 大匙

作法 PRACTICE

01　透抽除去頭及內臟，剝除外皮，保持圓筒狀，切成 0.5 公分寬的圓環形（圖 B），放在碗中用醃料拌勻，醃 10 分鐘。

02　調好糊料，放下透抽拌勻，再將沾了糊料的透抽放在蕃薯粉中略拌（圖 C），一圈圈投入熱油中，用大火炸酥即可撈出，瀝淨油裝盤，附五香椒鹽一起上桌。

繡球
花枝

生炒
花枝

繡球花枝

將花枝切小塊，加酒、蔥、薑、水在調理機中攪打成花枝漿。
花枝漿也可改用魚漿或絞肉、絞雞肉來做。各絲料要切的細，香菇
可片切黑色的表面來用，再切成絲。

材料 INGREDIENTS

花枝漿	半斤
荸薺（切碎）	6 粒
香菇絲	½ 杯
火腿絲	½ 杯
蛋皮絲	½ 杯
蔥絲（綠色）	⅓ 杯
筍絲	⅓ 杯
高湯	1½ 杯

▶ 調味料

醬油	½ 大匙
太白粉水	酌量
鹽、胡椒粉	
	各少許

▶ 拌花枝漿料

蛋白	1 大匙
鹽	¼ 茶匙
太白粉	1 大匙
麻油	少許

作法 PRACTICE

01　花枝漿內加入蛋白、鹽、太白粉、麻油及荸薺屑，
　　仔細拌勻，並多摔打使其有黏性為止。（圖 B）

02　將各種細絲料放在碟中（圖 C），混和均勻。再
　　將花枝漿捏出小球狀的丸子，放在盤上搖滾，讓
　　絲料沾滿，並逐個用手握緊，排入另一個抹了油
　　的盤子上（圖 D），上鍋以火蒸熟（約 8 分鐘）。

03　起油鍋將高湯煮滾，加入各種調味料並勾芡，淋
　　到繡球上即可。

生炒花枝

花枝又稱墨魚，是肉較厚的，燙時要以小火浸泡，且炒時要
最後加入，以免花枝肉變老。

材料 INGREDIENTS

新鮮花枝	1 個（約 1 斤重）
水發木耳	½ 杯
豌豆片	20 片
胡蘿蔔片	20 小片
蔥段	15 段
薑片	10 小片

▸ 綜合調味料

醬油	1 大匙
酒	½ 大匙
鹽	⅓ 茶匙
胡椒粉	少許
麻油	少許
高湯	2 大匙
太白粉	1 茶匙

作法 PRACTICE

01 剝除花枝外皮後，在反面（即內部）切上交叉口，並分割成 1 寸大小的塊
狀（圖 B），拌上少許太白粉。

02 將半鍋水燒開，放下木耳、豌豆片及胡蘿蔔片，川燙一下隨即撈起，淋下
少許酒後，將花枝片下鍋，以小火浸泡，燙煮 5 秒鐘即撈出。

03 起油鍋，用 2 大匙油爆香蔥薑，放下各種配料炒熱，馬上淋下備妥在小碗
內的綜合調味料，再放下花枝片，鏟拌均勻即可裝盤。

瓜菇鮭魚

此菜可用其他白色魚肉的魚來製作，如鱈魚、馬加魚、紅魽魚、白鯧魚等。醬瓜汁太鹹時，可僅用 ¼ 杯，再加水 ¼ 杯調淡。香菇泡軟後，應加少許醬油、糖、沙拉油和泡香菇水一起蒸 20 分鐘，使香菇更有味道、滑潤。

材料 INGREDIENTS

新鮮鮭魚	半斤	蔥粒	3 大匙
香菇	4 朵	絞肉	2 大匙
嫩豆腐	1 盒	醬瓜（切小丁）	2 大匙
高湯	½ 杯	醬瓜汁	½ 杯
油	5 大匙		

▶ 調味料

酒	½ 大匙
蠔油	1 茶匙
麻油	1 茶匙

作法 PRACTICE

01　將豆腐切成 2.5 公分、5 公分長、0.8 公分厚片，平排在塗抹了油的盤上（圖 B）。

02　將鮭魚切成和豆腐等大的片，排列在盤內的豆腐片上。再將蒸過的香菇切成片，放在魚片之間（圖 C），淋下高湯 ½ 杯（加鹽 ¼ 茶匙），上鍋以大火蒸熟（約 8 分鐘），再將湯汁泌出。

03　將油燒熱，爆香蔥粒，放入絞肉炒熟，再加入醬瓜丁，淋下酒與醬瓜汁 ½ 杯，續加入蒸鮭魚的蒸汁，煮約 1 分鐘，倒入蠔油和麻油拌勻，均勻地淋到鮭魚上即可。

苦瓜
鱸魚

生炒
鱔魚

苦瓜鱸魚

　　因為是清蒸法，所以鱸魚的新鮮與否非常重要，新鮮的魚湯才
會鮮甜，且要將魚川燙一次，湯才會清。

材料 INGREDIENTS

新鮮鱸魚	1 尾
苦瓜	1 條
酒	2 大匙
薑	2 片
薑絲	2 大匙

▶ 調味料

鹽	1 茶匙
胡椒粉	少許

作法 PRACTICE

01　鱸魚打理乾淨後拉下背鰭（圖 B），在魚的背上下刀，每隔 2 公分切下
　　一刀，切到魚的大骨即可（魚腹部分仍相連）（圖 C）。用滾水沖燙一
　　下。使魚的血水滲出，瀝乾後放在水盤中（靠盤邊）。

02　苦瓜剖開，除去瓜籽，切成長塊，用滾水川燙一下，再用冷水浸泡至冷，
　　也排入水盤中。

03　注入滾水、酒及 2 片薑，撒下鹽少許，上鍋用大火蒸 30 分鐘。

04　食用前撒上少許胡椒粉及嫩薑絲。

生炒鱔魚

　　活殺的鱔魚用此方法生炒，才會嫩又有彈性，現在鱔魚多半冷凍，效果較差。

材料 INGREDIENTS

鱔魚	半斤		
大蒜屑	1 大匙		
洋蔥片	½ 杯		
高麗菜	⅓ 杯		
紅辣椒片	2 大匙		
青椒片	⅓ 杯		

▶ 調味料

酒	½ 大匙	烏醋	1 大匙
醬油	1 大匙	太白粉	少許
鹽	¼ 茶匙	麻油	少許
糖	½ 茶匙	白胡椒粉	少許
水	¼ 杯		

作法 PRACTICE

01　將已取出大骨的鱔魚直剖兩半，再斜切成 1 寸寬的大片（圖 B）。用太白粉抓拌一下後，用多量熱油過油片刻（圖 C），瀝出。

02　鍋內燒熱 3 大匙油，先爆香大蒜和洋蔥片，加入高麗菜炒熟，再將青椒、紅椒下鍋略炒一下，最後下鱔片拌炒均勻。

03　加入酒、醬油、鹽、糖與水，煮滾後淋下烏醋，並用調水的太白粉勾芡，滴入麻油，撒胡椒粉少許即可裝盤。

酸筍
溜魚

豆油
赤鯮

酸筍溜魚

酸筍即發酵過有酸味的醃筍，清香開胃，目前市售有瓶裝、袋裝品。加上了少許的白菜絲可以增加嫩滑的口感。

材料 INGREDIENTS

金線魚（或赤鯮）	1 尾	▶ 調味料		
鹽	⅓ 茶匙	鹽	¼ 茶匙
蔥段（1 寸長）	15 支	醬油	1 大匙
酸筍絲	⅔ 杯	酒	1 大匙
大白菜絲	⅔ 杯	太白粉	酌量
		麻油	少許

作法 PRACTICE

01 將魚打理乾淨後，兩面均斜切兩刀（圖 B），用鹽抹擦兩面，再用 4 大匙熱油煎黃兩面即取出。

02 用煎魚所剩的油煎黃全部蔥段，加入大白菜絲及酸筍絲同炒，注入 1½ 杯清水煮滾，將魚放進同燒。

03 淋下醬油、酒和鹽調味後，以小火續煮約 10 分鐘，淋下太白粉水使汁黏稠，先盛出魚，再將料與汁全部澆到魚上即可。

豆油赤鯮

豆油即為醬油，這是簡易快速的紅燒方法，也可換成如金線魚、鱸魚等其他魚類。

材料 INGREDIENTS

赤鯮魚（紅魚）	1 尾
蔥	3 支
薑絲	1 大匙

▶ 調味料

酒	½ 大匙
醬油	3 大匙
糖	1 茶匙
水	1 杯

作法 PRACTICE

01　將赤鯮魚清乾淨，魚身劃上 3、4 條斜口。

02　鍋燒熱，加入油 3 大匙，待油夠熱後，放下赤鯮魚，以慢火煎黃兩面（圖 B）。將魚盛出，落下蔥段和薑絲到油中煎香。

03　淋下酒、醬油和糖，再加水，放回魚，蓋上鍋蓋燜燒片刻，將魚再翻 2 次面，燒至入味即可裝盤。

樹子蒸鮮魚

嫩薑絲最好用冰水先泡過，可使它脆爽且避免變黃。樹子本身有鹹味，醃魚時的鹽要酌量減少。

材料 INGREDIENTS

虱目魚肚	1 段
蔥	2 支
嫩薑絲	2 大匙
香菜	少許

▸ **醃魚料**

酒	½ 大匙
鹽	1½ 茶匙
醬油	1 茶匙

▸ **蒸魚料**

樹子（破布子）	1 大匙
蔥花	1 大匙
薑末	1 茶匙
紅椒末	1 茶匙

作法 PRACTICE

01　虱目魚肚先橫剖成一大片，在肉厚處斜切數個刀口，備用（圖 B）。

02　將酒、鹽、醬油塗抹在切好的虱目魚肚上，醃 5 分鐘。

03　蔥 2 支先墊在盤內，再放下已醃好的魚，並撒下蒸魚料（圖 C），上蒸鍋以大火蒸 10 分鐘。取出魚盤，盤邊佐以嫩薑絲及香菜即可。

通心河鰻

此菜可將炸過的鰻魚片直接蒸熟，去骨、插入筍後盛入碗中，加調味料再蒸，而不紅燒。亦可加枸杞、紅棗等同蒸。插入鰻魚中間的材料還也可使用火腿條、筍條或青蒜等，變化不同滋味。

材料 INGREDIENTS

活鰻	1 尾（約 1 斤半重）
太白粉	⅓ 杯
蔥（12 公分長段）	10 支
筍條	10 條
大蒜	10 片
薑	2 片
蔥段（5 公分長）	10 支
筍片	適量

▶ 調味料

酒	1 大匙
醬油	4 大匙
水	2½ 杯
胡椒粉	少許
糖	½ 茶匙
太白粉	酌量

作法 PRACTICE

01　將鰻活殺後，放入 8 分滾的水中燙 5 秒鐘，再刷去表皮上的黏液，斬成約 4 公分左右的長度，沾上太白粉，投入熱油中炸黃。

02　起油鍋，煎香長蔥段，取出半量後放下大蒜片再煎，淋下酒、醬油和水，加入鰻魚同燒，約燒 10 分鐘後挾出鰻魚。

03　由鰻魚中間抽出魚骨後，插入筍條和蔥支各 1 條（圖 B），再排入碗內（圖 C），中間空間填入筍片，澆下燒鰻魚的湯汁（約 1 杯），放下薑片及預留的半量蔥段，上鍋以大火蒸約 15 分鐘。將湯汁泌到炒鍋內，加太白粉水勾芡，淋到扣在大盤上的鰻魚表面。

豆皮鰻魚捲

蒲燒鰻是指刷了甜醬油烤熟的鰻魚，本身有味道，可以直接食用，不用再加調味。

材料 INGREDIENTS

蒲燒鰻	1 尾	麵粉糊	酌量
青蒜	1 支	炸油	5 杯
香菇	4 朵		
海苔	2 張	▸ 蒸香菇料	
豆腐衣	4 張	醬油	1 大匙
胡蘿蔔（煮熟切長條）	半支	糖	½ 大匙

作法 PRACTICE

01　蒲燒鰻直切兩半，再橫著切開，共成 4 片（約 3 公分寬，15 公分長）備用。

02　香菇泡軟，用醬油、糖及水（浸香菇的汁）煮 5 分鐘，取出切成條狀，青蒜在滾水中燙一下，剝下葉子。

03　將豆腐衣切成方形（圖 B），每 2 張刷麵粉糊粘住，上面再刷一點糊料，放上 1 張同樣大小的海苔，將 1 片鰻魚（魚肉向下）放好，靠近手邊再放上青蒜葉、香菇及胡蘿蔔條（和鰻魚同樣長度），蓋上另 1 片鰻魚（圖 C），捲裹成筒狀（封口沾麵糊）。

04　用熱油將鰻魚捲用小火炸熟呈金黃色，切成 2.5 公分寬，排在碟上即可。

烏魚子雙拼

烏魚子也可用少許油煎黃。

材料 INGREDIENTS

烏魚子	1 片	▶ **甜醬油**	
酒	1 大匙	醬油	1 大匙
青蒜	2 支	酒	⅓ 大匙
白蘿蔔	½ 條	糖	⅓ 大匙
蒲燒鰻	1 尾	水	1 大匙
白芝麻	1 茶匙		
花椒粉	少許		

作法 PRACTICE

01 烏魚子用酒將兩面擦過之後，用炭火烘烤兩面（或放烤箱中烤），見表皮略已變色，並有滲油現象時即可，以利刀斜切成大薄片。

02 青蒜取前半段（深綠色葉尾不用），切成斜片。白蘿蔔切厚花片（和烏魚子大小相仿）。將烏魚子與白蘿蔔間隔排放到大盤中，成兩排（圖 B），青蒜放一端。

03 蒲燒鰻整尾刷上甜醬油（醬油、酒、糖加水先煮滾）（圖 C），放在炭火上（或烤箱內）烤熱，取出切段，排入大盤內，撒下炒過的白芝麻及少許花椒粉即可。

魚皮
白菜滷

扁魚
白菜

魚皮白菜滷

魚皮係鯊魚之皮，富含膠質也有腥氣，使用前宜用水煮軟，水中可加蔥段、薑片及酒，煮的時間視魚皮的軟硬來決定。

材料 INGREDIENTS

大白菜	1 斤	蔥屑	1 大匙
水發魚皮	半斤	薑末	1 茶匙
瘦豬肉	4 兩		
蝦米	2 大匙	**▸ 調味料**	
香菜	少許	酒	½ 茶匙
胡蘿蔔絲	12 杯	鹽	¾ 茶匙
金針菇或香菇絲	½ 杯	糖	½ 茶匙
高湯	2½ 杯	烏醋	酌量
		白胡椒粉	少許

作法 PRACTICE

01 魚皮切成 6 ～ 7 公分長的寬條，用水煮 5 分鐘以去腥氣。大白菜切粗條。豬肉切細絲。蝦米用水浸軟（圖 B）。

02 起油鍋，放下蔥屑、薑末爆過之後，加入蝦米炒香，淋酒，將肉放下炒熟，加白菜絲略炒即倒入高湯，放入魚皮及胡蘿蔔同煮 10 分鐘。

03 將金針菇下鍋並加鹽、糖調味，以大火燒至湯汁收乾，撒下香菜，並淋下烏醋及胡椒粉，略拌一下即可裝盤。

扁魚白菜

這道菜和魚皮白菜滷為兩道有名的台式白菜吃法,這道又更為家常,借用扁魚特殊的香味來燒白菜,有時會將白菜燒得再軟爛一點。

材料 INGREDIENTS

大白菜	1 斤
豬肉	3 兩
太白粉	少許
香菇	6 朵
扁魚	1 兩(2 片)
蝦米	2 大匙
蔥	2 支

▶ 調味料

鹽	½ 茶匙
糖	少許
高湯或水	2 杯
烏醋	½ 大匙

作法 PRACTICE

01 將扁魚用溫油慢火炸呈金黃色,挾出,放冷後切成小塊備用。

02 豬肉切小片後,拌少許太白粉。白菜切成 2.5 公分寬。香菇泡軟,分切成 3 片。蝦米泡過,摘除殼及腳(圖 B)。

03 燒熱油 4 大匙,將豬肉炒熟撈起,再加入蔥段爆香,放香菇及白菜同炒,加入扁魚及蝦米,略加拌合,注入高湯,燒煮 5 分鐘左右。

04 加入鹽和糖調味,燒至白菜已軟即可加入烏醋,拌勻後裝盤即可。

香煎
菜瓜餅

金鉤
菜瓜

香煎菜瓜餅

這道菜與潮州的絲瓜烙非常相似，取絲瓜的軟嫩，非常軟滑。

材料 INGREDIENTS

菜瓜（即絲瓜）	1 條
花生碎屑	2 大匙
蝦米	2 大匙
蔥屑	2 大匙
蕃薯粉	1 杯
油	1 茶匙

▶ 調味料

鹽	1 茶匙
白胡椒粉	少許

作法 PRACTICE

01 菜瓜去皮、去籽後直剖成四半，再切薄片，撒下鹽少許抓醃後，用水沖洗，並用布包起，擠乾水分。

02 蕃薯粉 1 杯加水 1½ 杯和鹽、胡椒粉拌合（圖 B）。

03 油熱後，放下蔥屑及泡軟、切碎的蝦米炒香，再加入菜同炒一下即盛出，與蕃薯粉水混和，撒下花生碎屑。（圖 C）

04 在平底鍋中，將 ⅓ 量的菜瓜料淋下成圓餅狀，用小火煎熟兩面（可做 3 張）。附上辣椒醬油一同食用。

金鉤菜瓜

　　家庭中烹調此菜，可保留菜瓜籽以增甜味。去籽後顏色較綠、較漂亮。澎湖菜瓜（絲瓜）色綠而肉脆軟，很適合做此菜。

材料 INGREDIENTS

菜瓜（即絲瓜）──── 1 條
金鉤蝦（蝦米）
──────── 3 大匙
蔥 ──────── 1 支
嫩薑 ──────── 1 小塊

▶ 調味料

油 ──────── 4 大匙
鹽 ──────── ¼ 茶匙
白胡椒粉 ──── 少許
高湯 ──────── 1 杯

太白粉 ──────── 酌量
麻油 ──────── 1 茶匙

作法 PRACTICE

01　選皮部深綠、硬身的菜瓜 1 條（澎湖絲瓜也可），削去皮、挖除籽後，先切成 6 公分長度再切直條（如大拇指般粗）。

02　金鉤蝦用溫水浸泡後摘除硬殼及腳。蔥切約4 公分長段，薑切片（圖 B）。

03　起油鍋，先煎香蔥、薑與金鉤蝦，續落下菜瓜拌炒，加胡椒粉及高湯，燒煮 3 分鐘左右。

04　淋下太白粉水勾芡，滴下麻油即熄火，盛入盤中上桌。

白玉苦瓜

苦瓜先切片後，再泡水，可縮短泡水的時間，約泡 2 小時後，
便會呈現透明狀、口感脆爽。綠色苦瓜較苦，也可切片來涼拌。

材料 INGREDIENTS

苦瓜	1 條	
蔥屑	1 大匙	▶ 調味料
薑末	1 茶匙	糖 ...... 1 茶匙
大蒜末	2 茶匙	烏醋 ...... 1 茶匙

▶ 調味料

糖	1 茶匙	蕃茄醬	1 大匙
烏醋	1 茶匙	麻油	½ 大匙
醬油	3 大匙		

作法 PRACTICE

01 苦瓜選色澤白，而表面瘤狀粒子大而突出的才好。首先直著對剖兩半，
挖除內部的瓜籽和瓤，再直剖兩半，用一盆冷水浸泡 6 小時以上（最好
放在冰箱中泡一夜）（圖 B）

02 將苦瓜取出，擦乾水分後，用薄刀打斜片切成極薄的片狀，再放入冰
水中浸泡（圖 C）。

03 在小碗內，將糖、烏醋、醬油、蕃茄醬、麻油、鹽等混和好（即五味醬）
一起與瀝乾的苦瓜上桌蘸沾食用。

福菜苦瓜滷

福菜的正名叫「覆菜」，是用不結球芥菜做成鹹菜後，裝缸或裝於瓶罐中，再倒覆放置發酵，此為客家人著名的醃菜，甘香味美。不結球芥菜是一種2尺多長的長形芥菜。

材料 INGREDIENTS

苦瓜	2 條
大蒜	3 粒
薑	3 小片
豆豉	1 大匙
福菜	3 兩

▶ 調味料

醬油	1 大匙
糖	1 大匙
清水	3 杯

作法 PRACTICE

01 將苦瓜用熱油，以小火慢慢炸透，見表皮已焦黃即撈起（圖 B）。

02 起油鍋爆香豆豉、大蒜（切碎）及薑片，加入糖、醬油及切碎的福菜（需先泡過水以減少鹹度）略加拌炒，再放下苦瓜及清水，用小火燒約 20 分鐘。

03 將苦瓜切段裝碟，淋下湯汁及福菜（部分福菜可墊底）。

冬瓜帽

此為古早的台式冬瓜盅（帽）作法，湯汁很少。亦係宴客菜之一。

材料 INGREDIENTS

冬瓜頭（1 整塊）	3 斤
金鉤蝦（蝦米）	半兩
瘦豬肉	4 兩
香菇	6 朵
筍	1 支
蔥	1 支
高湯	½ 杯

▶ **調味料**

醬油	1 大匙
鹽	1 茶匙
酒	½ 大匙
胡椒粉	¼ 茶匙

作法 PRACTICE

01　冬瓜外皮刷淨，底部切平後在邊緣刻上鋸齒花紋，裝入不鏽鋼盆中（圖 B）。

02　金鉤蝦浸泡後摘除殼及腳。豬肉切 1 公分丁狀。香菇泡軟，去蒂切丁。筍削皮，也切成丁。蔥切小段，以上各料同盛一碗內，加入高湯及調味料拌合。

03　將步驟 02 倒進冬瓜內（圖 C），上鍋以大火炊蒸約 1 小時半，見冬瓜已透明而夠爛即可，滴下麻油，改裝入湯盆中即可食用（需將冬瓜肉用大匙刮下與各料拌合再分）。

青瓜
封肉

炒桂
竹筍

青瓜封肉

　　此菜可改用苦瓜、白蘿蔔、冬瓜等材料製作，只是蒸的時間長
短不同，需依不同材料調整。也可蒸好後，放湯碗中，加入清湯，
做湯菜食用。

材料 INGREDIENTS

大青瓜（大黃瓜）	1 條
豬絞肉	6 兩
蝦米	2 大匙
香菇	3 朵
蔥屑	2 大匙
熟胡蘿蔔	2 大匙

▸ 拌肉料

蛋	1 個
醬油	1 大匙
酒	½ 大匙
鹽	¼ 茶匙
胡椒粉	少許
太白粉	½ 大匙
清水	2 大匙

作法 PRACTICE

01　大青瓜削皮後切成 2 公分圓段，挖除籽（圖 B），全部用滾水川燙 10 秒鐘（加
　　少許鹽在水中），撈起，拭乾。

02　絞肉中拌入泡軟切碎的香菇、蝦米、胡蘿蔔丁及蔥粒，並加蛋（打散）和全
　　部調味料，仔細攪拌均勻至有黏性。

03　抹少許乾太白粉在青瓜內，將肉料填入，抹光表面（圖 C），裝入盤中，上
　　鍋以大火蒸 20 分鐘，取出後淋下勾芡湯汁即可。

炒桂竹筍

也可加入切絲的福菜同煮或加絞肉、五花肉同炒。新鮮桂竹筍的產期約在清明節後一個月，時間很短，一般都是燙熟了賣，有真空包裝的，較能長期保鮮。

材料 INGREDIENTS

桂竹筍	1 斤
油	6 大匙
大蒜	4 粒
紅辣椒	2 支
豆醬	1 大匙

▶ **調味料**

醬油	2 大匙
糖	1 茶匙
鹽	¼ 茶匙
水	2 杯
麻油	1 茶匙

作法 PRACTICE

01 桂竹筍用刀面拍鬆一下，再撕成細條狀（如筷子般細度），切成 5 公分長度（圖 B）。

02 起油鍋，爆香大蒜與紅椒段，放下豆醬炒透即落下筍段拌炒，並淋下醬油、鹽、糖及清水，燒煮 20 分鐘左右。

03 淋下麻油即可盛出裝盤（冷食也頗美味）。

鮂仔魚
炒莧菜

肉醬
茄子

魩仔魚炒莧菜

如無魩仔魚，可用其他蒸熟的丁香魚或小魚乾代替。

材料 INGREDIENTS

莧菜	半斤	▶ 調味料		
蔥花	2 大匙	鹽		½ 茶匙
魩仔魚	2 兩	柴魚粉		少許
蔥小段	10 段			

作法 PRACTICE

01 莧菜摘下嫩菜及莖部分，清洗乾淨
（圖 B）。

02 起油鍋，爆香蔥段，加入魩仔魚炒
過，即可放下莧菜以大火拌炒（需
淋下水 2 大匙），馬上撒下鹽及柴魚
粉，輕加鏟勻，見菜已脫生而變軟
即可盛出。（喜歡較軟的話可再多加
¼ 杯水同煮）。

肉醬茄子

要讓茄子保持紫色，要先將茄子炸過，若直接煸炒再燒，顏色就會暗沉。可先將茄子切成 4 長條，蒸上 3 分鐘，沖冷水後再燒，較能保持紫色。

材料 INGREDIENTS

茄子	2 條	糖	⅓ 茶匙
絞豬肉	3 兩	鹽	¼ 茶匙
紅辣椒	½ 支		
薑末	½ 大匙	▶ 拌肉料	
大蒜末	½ 大匙	醬油	½ 大匙
九層塔	5 支	糖	⅓ 茶匙
		太白粉	1 茶匙
▶ 調味料		麻油	1 茶匙
醬油	1 大匙		

作法 PRACTICE

01 在絞肉內加入拌肉料拌妥。茄子切成 5 公分長度，再剖開成四半（也可以打斜刀切滾刀條狀），用鹽水浸泡一下。

02 燒熱 2 杯油，分批將茄子炸軟，瀝出（圖 B）。

03 用 2 大匙油起油鍋爆炒絞肉，加入薑末及大蒜末，待炒香後，淋下醬油，放下茄子，並注入 ½ 杯清水，再撒糖及鹽，以中火燒至湯汁收乾即放下紅椒片及九層塔，鏟拌一下即可。

紅燒豆腐

醬瓜本身已有鹹味，所以醬油和鹽的用量要先嚐過後再加。

材料 INGREDIENTS

板豆腐（嫩的）	2 方塊
肉片	3 兩
醬瓜條	2 大匙
胡蘿蔔小片	10 片
草菇	6 粒
豌豆莢	10 片
蔥段（2 公分長）	10 支
高湯	1 杯

▶ 醃肉料

太白粉	1 茶匙
醬油	1 茶匙
水	½ 大匙

▶ 調味料

醬油	1 大匙
鹽	¼ 茶匙
麻油	¼ 茶匙
太白粉	½ 大匙

作法 PRACTICE

01　所有材料切好備用（圖 B）。

02　將豆腐切成厚片，用油煎黃，盛出（圖 C）。肉片拌上醃肉料醃一下。

03　起油鍋，先爆香蔥段，再加入肉片炒熟，放進醬瓜（切細條）、胡蘿蔔、草菇同炒，並注入高湯，加入豆腐燒約 3 分鐘，淋下醬油和鹽調味，並加入豌豆莢再燒 1 分多鐘。

04　淋下太白粉水勾芡，滴下麻油，即可裝盤。

香煎菜脯蛋

若要煎出的菜脯蛋有厚度，可以在蛋汁倒入鍋中後用
筷子撥動蛋汁，使蛋汁凝結再翻面煎。

材料 INGREDIENTS

蘿蔔乾...............................2 兩
蛋.......................................5 個
油...................................5 大匙

▶ 調味料

鹽.................................¼ 茶匙

作法 PRACTICE

01 將蘿蔔乾洗淨，擠乾水分，切成碎小粒狀，用 1 大匙油先炒至香氣
透出。

02 雞蛋打散，加入鹽，仔細攪拌均勻至無蛋白硬塊為止，拌入蘿蔔乾
（圖 B）。

03 鍋子燒熱，加入油，提起鍋子將油盪開，擴散在鍋底的沾油面。淋
下蛋汁，做成 6 吋直徑大小的餅狀（需搖動鍋子使蛋汁的厚度均勻
才好）（圖 C）。

04 煎大約 2 分鐘，翻面再續煎黃另一面。盛到盤中上桌。

螺肉蒜仔湯

四神湯

螺肉蒜仔湯

罐頭螺肉本身已有鹹度，故不可多加鹽，尤其罐中湯汁若全部使用，只需加少量鹽即可。為增加香氣，也有人加入發泡後的乾魷魚同煮。

材料 INGREDIENTS

罐頭螺肉	12 ～ 15 粒
金菇段	½ 杯
青蒜	1 支
水	5 杯

▶ 調味料

鹽	½ 茶匙
麻油	1 茶匙
胡椒粉	少許

作法 PRACTICE

01　螺肉由罐頭中倒出，大粒的可以直切為二，小粒的則整顆不切。青蒜洗淨，切斜段。

02　湯鍋中的水煮滾後，倒入罐頭螺肉湯汁煮滾，再加入金菇和螺肉，再煮滾後便可放下青蒜段，並用鹽調味。關火後淋下麻油及胡椒粉，即可倒入湯碗內。

四神湯

　　「四神湯」又叫「四臣湯」，食用後有補脾、強胃、益氣之效。製作此湯時，可加入煮軟的豬肚、薏仁同燉，也可用電鍋來燉四神湯，其湯則較清澈。（豬肚處理方法見第 131 頁的鹹菜豬肚湯）。

材料 INGREDIENTS

豬小腸	半斤
蓮子	20 粒
淮山	10 片
芡實	20 公克
茯苓	5 公克

▶ 調味料

鹽、米酒	少許

作法 PRACTICE

01　豬腸先摘除脂肪，再用鹽或白醋搓洗，並用滾水燙煮約 2 分鐘，取出。再切成小段（約 1 寸長度）。

02　蓮子等四神料用水浸泡片刻後與豬腸同置湯鍋內，加入清湯（或大骨頭湯），以小火煮約 1 小時即可。

03　加入少許鹽調味，淋下米酒，趁熱食用。

排骨
酥湯

瓜仔
雞湯

排骨酥湯

除白蘿蔔外，也可用炸過的芋頭或筍塊來搭配排骨酥，各
有風味。

材料 INGREDIENTS

豬小排骨或湯排骨 .... 6 兩
白蘿蔔（小）.................................... 1 個
蕃薯粉 .... ½ 杯
紅蔥酥 .... 1 大匙

▸ 醃肉料

醬油 .... 1 茶匙
鹽 .... ⅓ 茶匙

▸ 調味料

鹽 .... 1 茶匙
酒 .... ½ 大匙
胡椒粉 .... 少許
水 .... 5 杯

作法 PRACTICE

01　將排骨剁成半寸寬大小的塊狀後洗淨、瀝乾，用醃肉料拌勻，醃上 30 分鐘。
每一塊都沾上蕃薯粉備用。

02　將炸油燒熱，迅速放入排骨，以小火炸至酥黃撈出（圖 B）。

03　在一湯碗中裝排骨酥，再放下切成滾刀狀的白蘿蔔（圖 C），撒下少許鹽，
並淋下 2 杯水，上鍋蒸約 1 小時半至十分軟爛。

04　將湯碗中的湯汁先泌出，倒扣在大湯碗內，再小心注入 3 杯沸滾的清湯和泌
出的湯汁（加鹽約 ½ 茶匙和胡椒粉調味），撒下紅蔥酥即可食用。

瓜仔雞湯

醬瓜種類很多，應選較無甜味的來做此湯。

材料 INGREDIENTS

土雞	半隻	▶ 調味料		
醬瓜	1 杯	酒	1 大匙	
薑片	3 片	鹽	酌量	

作法 PRACTICE

01　雞剁成 1 寸四方大小的塊狀，先用滾水川燙 1 分鐘，待雞肉已轉白，即可撈出，沖洗乾淨（圖 B）。

02　將雞塊放入大湯碗或個人用小蒸碗內（小蒸碗內只可放 3 ～ 4 塊雞塊），加薑片，淋下酒，再注入滾水，放進蒸籠，用中火蒸 1 小時半。

03　醬瓜（可連 ½ 杯汁）倒進湯碗中（圖 C），攪拌一下後，再繼續蒸 20 分鐘以上，食用前加入適量的鹽調味即可。

鹹菜肚湯

買生豬肚回來後，要先以麵粉加油抓洗乾淨，再投入滾水中燙煮 2～3 分鐘，摘除多餘肥油，再加蔥、薑和八角一起煮 1 小時半至七分爛來用。

材料 INGREDIENTS

熟豬肚	¼ 個	胡蘿蔔	¼ 支
酸菜（鹹菜）	半斤	乾瓢（3 尺長）	1 條
筍（小）	1 支		

▶ 調味料

清湯	8 杯
鹽	酌量

作法 PRACTICE

01　煮熟豬肚剖開，摘除多餘肥油部分，切成 5 公分長粗條，共 15 條。另外，酸菜、筍和胡蘿蔔也都切成較細的長條（各 15 條）。

02　乾瓢在溫水中略泡過後，剪成 7 公分長段，取步驟 01 中材料各 1 條，用乾瓢紮好（圖 B）。

03　清湯中放入紮好的鹹菜和多餘的酸菜等，煮滾後改以小火煮約 30 分鐘（圖 C），熄火後加入適量的鹽調味，撒下薑絲，即可分盛小碗內。

金針排骨湯

　　此菜可將金針改為苦瓜、冬菜或白蘿蔔，白蘿蔔則應切塊後用滾水燙煮 1 次，再與排骨同蒸。可酌加小魚干增添鮮味，或數粒豆豉（蔭豉）加強風味。如以湯鍋煮，則宜小火，以保持湯的清爽。

材料 INGREDIENTS

豬小排或煮湯排骨	半斤	
金針菜（乾）	半兩	
薑片	3 片	
滾水	6 杯	

▶ 調味料

酒	2 大匙
鹽	1 茶匙

作法 PRACTICE

01　小排骨斬成半寸寬，用滾水燙煮一下，撈出用冷水沖洗並瀝乾，放入蒸盅內。

02　金針菜泡冷水至漲大，沖洗數次後撈起，摘去硬根部分，放進盛排骨的蒸盅內（圖 B），再加入薑片及酒，注入滾水即用玻璃紙或保鮮膜封妥。

03　移入蒸鍋，蒸或燉 50 分鐘以上，以鹽調味妥當後，原盅上桌食用。

香菇肉羹

除大白菜外，也可用筍絲、木耳、涼薯絲或金菇段。除豬肉外，
還可選用蝦仁或魷魚、花枝等來做。

材料 INGREDIENTS

豬肉（前腿肉）	6 兩	紅蔥酥	2 大匙
魚漿	6 肉	清湯或水	5 杯
大白菜絲	2 杯		
香菇	5 朵	▶ 醃肉料	
胡蘿蔔絲	¼ 杯	醬油	½ 大匙
柴魚片	1 包	太白粉水	1 大匙

▶ 調味料

鹽	1 茶匙
醬油	1 大匙
烏醋、大蒜泥、麻油	各酌量
太白粉水	3 大匙

作法 PRACTICE

01　將豬肉切成竹筷般粗條，用醃肉料抓拌均勻醃
　　30 分鐘，再和魚漿一起拌勻，一條一條沾裹上
　　魚漿（圖 B）。

02　鍋內煮滾清湯，加入柴魚片、紅蔥酥、大白菜
　　絲、胡蘿蔔絲與香菇絲同煮 3 分鐘，再加入豬
　　肉條，煮約 3 分鐘。

03　加入鹽和醬油調味，淋下太白粉水慢慢勾芡成
　　羹狀，盛入大碗中（食用時用小碗分裝，酌量
　　加點烏醋、大蒜泥或麻油即可）。

人蔘燉雞湯

乾的人蔘味道較重，不宜多放，是否加鹽是個人喜好酌量即可。雞燙過水後，內部要徹底洗淨，以免有內臟的殘留，使湯汁混濁。

材料 INGREDIENTS

土雞	1 隻		
新鮮人蔘	1 支（或人蔘片 2 錢）		
枸杞	2 大匙		
開水	6 杯		

▶ 調味料

鹽	酌量
米酒	2 大匙

作法 PRACTICE

01 雞打理乾淨後，放在滾水中煮 1 ～ 2 分鐘，以去除血水，撈出後再沖乾淨，放入蒸碗中。

02 整支人蔘沖洗一下後，放入熱水中泡軟再切片（圖 B）。再將其放在蒸碗中，撒下沖洗過的枸杞子，注入開水（包括泡人蔘的水）和米酒（圖 C）。用玻璃紙封住碗口，移入蒸鍋中，以大火蒸 3 小時左右（中途需加水）。

03 揭開玻璃紙後，加少許鹽調味即可上桌。

歸杞燉鱉湯

製作此菜時，將鱉剖腹後，須將骨縫及腳部的黃色脂肪粒摘除乾淨，才不會有腥味。同時其腳指甲也要斬下（圖B），並刷洗、刮乾淨。將鱉剁好後，可再快速川燙，以保持湯汁清爽。

材料 INGREDIENTS

鱉	1 隻（1 斤重）
當歸	5 錢
枸杞	8 錢
川芎	3 錢

▶ 調味料

酒	2 大匙
清湯或水	5 杯

作法 PRACTICE

01　將殺好的鱉用滾水燙 3 分鐘，撈起後用刀刮淨表面與邊緣的白色部分，剖開腹部挖除內臟，摘除黃色脂肪（圖C），並斬剁成 1 寸多大小的塊狀（連背殼），裝入蒸盅內。

02　當歸、枸杞和川芎放入盅裡（圖D），加入酒及清湯，用保鮮膜封住，移入蒸鍋以大火蒸 1 小時半。

03　上桌後揭開保鮮膜，分裝小碗中即可食用（亦可加少許鹽調味）。

紅蟳米糕

蟳的切法有很多種，可直接切成條狀，再對合在一起成原隻狀。
米糕可買現成的油飯來做。亦可澆上沸滾的高湯，撒下蔥花和胡椒
粉，像粥一樣食用。

材料 INGREDIENTS

紅蟳	2 隻	蔥	1 支	醬油	1 大匙
香菇	2 朵	薑	2 片	糖	½ 茶匙
蝦米	1 大匙	糯米飯	3 杯	鹽	½ 茶匙
洋火腿丁	2 大匙			胡椒粉	少許
紅蔥頭	2 粒	▸ 調味料		泡香菇水	¼ 杯
芋頭（切丁）	½ 杯	酒	1 茶匙		

作法 PRACTICE

01　紅蟳殺死後，揭開蟹蓋，清洗乾淨，挖除胃袋及心臟，將蟹身橫切成厚片，
蟹鉗每支剁開為二，斬去一點小腳的腳尖。

02　紅蔥頭切片。香菇泡軟、切丁。蝦米泡軟、摘除頭及腳的部分。芋頭切丁，
用熱油炸黃。

03　用 2 大匙油炒香紅蔥頭，再放下各種配料炒勻，加入調味料煮滾後關火，放
下糯米飯，仔細鏟拌均勻，盛入水盤中鋪平。

04　將蟹整齊排放在糯米飯上（圖 B），蟹上再放上蔥段、薑片（圖 C），入鍋
以大火蒸 20 分鐘，撿除蔥薑即可食用。

金瓜炒米粉

煮蛤肉的湯可代替高湯用。

材料 INGREDIENTS

乾米粉（炊粉）	6 兩
金瓜（即南瓜）	6 兩
小蛤蜊或蚵仔肉	半斤
木耳絲	¼ 杯
青蒜絲	½ 杯
蔥絲	少許

▶ 調味料

高湯	1½ 杯
鹽、糖	各 ⅓ 茶匙
白胡椒粉	¼ 茶匙
柴魚粉	¼ 茶匙
麻油	少許

作法 PRACTICE

01　米粉放入盆內，加溫水浸泡 20 分鐘，軟後瀝出（圖 B）。

02　金瓜削去硬皮後切細絲（也可用刨絲器刨成絲）（圖 B）。

03　蛤蜊用 2 杯清水同煮，見殼已裂口即熄火，攪拌一下，撈出剝肉（圖 B）。

04　起油鍋，先煎香蔥絲，再將金瓜和木耳絲入鍋一同拌炒，注入高湯，用小火煮 3 分鐘，見金瓜已軟，加入米粉，並放調味料調妥口味，拌炒至汁將收乾。

05　加入蛤肉及青蒜絲後以大火拌炒數下，再淋下麻油即可熄火，盛入大盤內。食用時可用小碗分裝，淋下少許蒜頭醬油。

台式炒米粉

台式炒米粉中一定有紅蔥酥、香菇、蝦米及白胡椒等材料，
同樣材料拿來炒油麵即為台式炒麵。

材料 INGREDIENTS

乾米粉（炊粉）	1 包	紅蔥酥	2 大匙
蔥花	1 大匙	芹菜末	3 大匙
蝦米	2 大匙		
香菇絲	3 大匙	▶ 調味料	
肉絲	½ 杯	油	5 大匙
高麗菜絲	1 杯	醬油	3 大匙
綠豆芽	1 杯	鹽	⅔ 茶匙
胡蘿蔔絲	3 大匙	水	½ 杯

作法 PRACTICE

01 將乾米粉先以溫水泡 20 分鐘，撈出瀝乾待
用（圖 B）。

02 鍋內放 5 大匙油，先爆香蔥花才放下蝦米
（先泡軟）、香菇絲和肉絲，炒至肉絲散
開、轉白變熟，再放入胡蘿蔔絲、高麗菜
絲和紅蔥酥同炒均勻。

03 在步驟 02 炒均勻的各料中，放入醬油、鹽、
水及泡好的米粉，仔細挑拌炒至湯汁收乾，
撒下綠豆芽再翻炒數下，最後放入芹菜末即
可盛盤。

虱目魚粥

虱目魚是價廉味美的魚類，但是要保持新鮮度非常困難，
從前運輸沒有這麼方便時，只有南部才吃得到好吃的虱目魚粥，
現在已克服配送問題，北部也可吃到，自己動手做也不困難。

材料 INGREDIENTS

虱目魚	1 尾（約 12 兩）
白米	1 杯
大蒜酥	少許
薑絲	酌量
蔥花	酌量
香菜粒或芹菜粒	酌量

▶ 調味料

蔥、薑、酒	各少許
白米	1 杯
鹽	1 茶匙
胡椒粉	酌量

作法 PRACTICE

01　將虱目魚的魚頭割下，將魚肚分成 4 大塊（圖 B）。

02　用半鍋水煮虱目魚頭及魚骨（加蔥和薑少許），約 30 分鐘後瀝出魚高湯。

03　米洗淨後加入高湯中，以小火煮成粥底。將食用所需的量盛到小鍋內，燒煮一滾，放下虱目魚肚同煮，待魚熟後，加入適量的鹽調味，即可裝入碗中，再撒下蒜酥、香菜或蔥花、芹菜粒等。食用時，可按喜好撒下少許白胡椒粉調味。

海鮮粥

吃海鮮重在新鮮，所有食材都要新鮮才能達到粥鮮料嫩的境界。

材料 INGREDIENTS

白粥	4 碗	嫩薑絲	酌量
高湯	2 杯	紅蔥酥	酌量
小蝦仁	10 尾		
生蚵仔或蛤蜊肉	10 粒	▶ 調味料	
花枝片	6 片	鹽	1 茶匙
魚板	4 片	白胡椒粉	⅓ 茶匙

作法 PRACTICE

01 在煮好的白粥內加入 2 杯高湯拌勻，再一起煮滾。

02 加入海鮮料（小蝦仁、蚵仔、花枝片、魚板片）（圖 B），待再沸滾時，即撒下鹽、胡椒粉和薑絲。

03 將海鮮粥分別盛入碗中，再將紅蔥酥撒下即可。

八寶芋泥

食用時也可以不加糖水，只撒上些許炒香的芝麻，乾拌著吃。

材料 INGREDIENTS

大芋頭（檳榔芋）........1 斤
甜八寶料（包括龍眼肉、
冬瓜糖、蓮子、蜜豆、青紅
絲、桔餅及其他蜜餞）
...................................酌量
糖漿........................⅓ 杯
油............................2 大匙
豆沙........................3 兩

▸ 調味料
水............................1 杯
糖............................½ 杯
太白粉水............1 大匙

作法 PRACTICE

01　將大芋頭削皮後切成厚片，放到蒸鍋中蒸透（約 20
　　分鐘），取出後待稍涼即用刀面壓碎成泥狀（圖 B），
　　盛入大碗內並加入糖漿及油拌勻（圖 C）。

02　將各種甜八寶料切成適當大小，鋪在塗過油的模型
　　（或碗）內，輕輕把一半芋泥放入（蓋住八寶料），
　　中間填入豆沙（壓扁）（圖 D），最後將另一半芋
　　泥蓋上，並抹平表面。

03　放進蒸鍋內，以大火蒸 30 分鐘以上。上桌時扣到碟
　　上，並淋下糖汁（水和糖煮滾後勾芡）即可。

一技在身
創業流行小吃

陳盈舟

陳盈舟 老師

　　擁有 30 年烹飪教學經驗。曾任教於中國烹飪補習班、聯勤總部、中央警官學校、南門國中教師烹飪研習班。

　　陳盈舟老師對於台灣小吃十分精通,除本身曾經營傳統小吃外,對於現今流行的熱門小吃也頗有研究。許多傳統小吃無法輕易取得秘訣與配方,但是透過陳老師的示範與說明,您必能輕易領略箇中訣竅,做出成功、道地的台灣小吃。

◆著作

　　天然健康素、健康好鹼單、醃菜與泡菜、蒸的好清爽等食譜書。

潤餅

　　包春捲時若屬於較大型的潤餅，可以用兩張春捲皮包裹，食用時不易破裂且較好吃。市面上所售的潤餅，在用料和口味上各家均有不同，可依個人喜歡的風味略作調整。此種潤餅的蔬菜類以清蒸或川燙為主，屬清淡爽口型的，重點來自於炸紅糟肉，有特殊的風味。另外花生粉的使用，有的店家會摻些細砂糖同拌，帶點甜味的花生粉亦是不錯的選擇。

材料 INGREDIENTS

份量│十人份

五花肉	半斤
高麗菜	12 兩
豆乾	4 兩
馬鈴薯、豆芽菜、胡蘿蔔	各半斤
熟芹菜末	½ 杯
春捲皮	10 ～ 20 張

▸ **醃肉料**

蒜泥	½ 茶匙
鹽	½ 茶匙
糖	½ 茶匙
味精	少許
海山醬	2 大匙
紅粉	少許
酒	1 大匙
地瓜粉	½ 杯

▸ **調味料**

鹽	適量
海苔酥	
花生粉、香菜、甜辣醬	各酌量

作法 PRACTICE

01 五花肉用蒜泥、鹽、糖、味精、海山醬、紅粉和酒醃漬 1 小時至入味後，沾裹地瓜粉，投入熱油中炸熟，待涼後切片。

02 將高麗菜、馬鈴薯、豆乾、胡蘿蔔分別切絲。

03 將高麗菜絲與豆乾絲分別炒熟，並加入適量的鹽調味，馬鈴薯絲、胡蘿蔔絲蒸熟，豆芽燙熟。

04 春捲皮上放高麗菜、馬鈴薯、豆芽、豆干、肉片，最後放花生粉、甜辣醬各酌量，撒下海苔酥、芹菜末和香菜捲起，封口處再沾點甜辣醬即可食用。（圖 A-D）

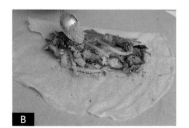
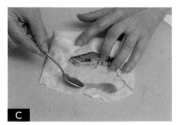

抓餅

　　麵粉放烤箱烤八分鐘（中途須取出攪拌一次）至呈現黃色且有香氣即為熟麵粉。加熟麵粉做出來的抓餅比較香，層次感豐富。抓餅麵糰套入塑膠袋後，最好置冷凍庫冰凍，待要使用時取出化凍（前一天先做好）煎出來的抓餅層次感明顯，內軟外酥效果佳。抓餅內亦可加入少許蔥花製成蔥抓餅。

材料 INGREDIENTS

份量│十人份

中筋麵粉	5 杯	烤熟麵粉	4 大匙
開水	1½ 杯	熟白芝麻	2 大匙
冷水	1 杯		
沙拉油	2 大匙	▸ **調味料**	
豬油或酥油	1 杯	鹽	1 大匙

作法 PRACTICE

01　麵粉中加入開水,用筷子攪動,再放入冷水和沙拉油,揉和成軟性麵糰,醒 20 分鐘。

02　醒透的麵糰在揉光後,擀成 2 尺多長的大方片,均勻撒下鹽,抹上一層豬油,最後撒下烤熟麵粉與白芝麻,捲成筒狀,分成 10 塊(圖 A-C),再將每塊沾滿沙拉油,套入塑膠袋內,醒麵 30 分鐘。

03　將每塊麵擀成約 18 ～ 20 公分的餅狀,用油煎熟,臨起鍋前,在餅的邊緣加以拍打,使其產生層次感便可食用。

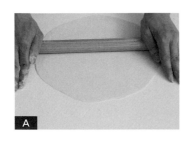

A　B　C

蛋餅

　　蛋餅吃法可加以多樣化，在煎蛋餅時，可捲入煎熟的培根、火腿或起司絲、鮪魚、肉鬆等各式各樣的材料。也有養生吃法，可捲著蔬果吃，例如苜蓿芽、黃瓜絲、生菜、蘋果絲等，擠上少許沙拉醬或蕃茄醬，均是非常理想的美味。

材料 INGREDIENTS

份量｜十人份

中筋麵粉	3 杯
開水	1 杯
冷水	⅔ 杯
油	2 大匙
蔥花	適量
蛋	10 個

▶ **調味料**

鹽	適量

作法 PRACTICE

01　將開水 1 杯沖入 3 杯麵粉內燙半熟，並迅速用筷子拌勻，待稍涼後，再加入 ⅔ 杯冷水和 2 大匙的油揉成軟硬適中的麵糰，放置約 30 分鐘。

02　將醒透的麵糰揉至光滑後，先分成 10 小粒，每粒擀成 12 ～ 15 公分大薄片（圖 A-B）。

03　選用一厚實的平底鍋，鍋燒熱後，放下擀好的麵皮烙至呈透明狀，翻面後再烙熟另一面，即呈蛋餅皮（圖 C）。

04　鍋中燒熱 1 大匙油，倒下已加入鹽和蔥打散的蛋汁，馬上蓋上蛋餅皮（圖 D），煎熟後捲成筒狀便是蛋餅（圖 E），再以刀切成小段食用。

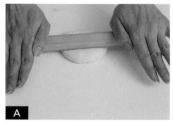
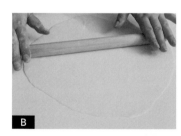

小籠包

先將 1 斤肉皮刮洗乾淨，燙過滾水後撈起，再洗淨一次，置鍋中加水 5 杯、蔥、薑、酒適量，煮 1 小時至皮肉夠爛，湯汁約剩下一半量，撈棄皮肉過濾出湯汁，待涼後入冰箱冷藏成凍，即為皮凍。發麵請參照第 163 頁水煎包作法，溫水麵即以溫水調麵，揉成軟硬適中的麵糰即可。

1 支蔥和 3 片薑先用刀拍碎，置入一碗內，加水 3 大匙，用手捏一捏至蔥、薑香味滲入水中，丟棄蔥、薑渣，僅留汁液即為蔥薑水。

材料 INGREDIENTS
份量｜五籠

溫水麵	1 杯	醬油	2 大匙	▶ 沾汁	
發麵	2 杯	鹽	1 茶匙	薑絲	½ 杯
絞肉	半斤	酒	2 大匙	醋	2 大匙
皮凍	1 杯	雞精粉或味精	⅓ 茶匙	醬油	1 大匙
▶ 拌肉料		麻油、豬油	各 1 大匙		
蔥薑水	3 大匙				

作法 PRACTICE

01　將絞肉置入大碗內，加入拌肉的調味料，用力攪拌均勻，再將皮凍切成小粒加入，仔細拌勻，放置冰箱中約 1 小時，即為肉餡。

02　將溫水麵和發麵混和加以揉好，分成約 50 小粒，每粒擀成薄皮，包上適量肉餡成包子狀，每籠排 10 個左右，以大火蒸 10 分鐘便完成，可沾薑、醋、醬油食用（圖 A-C）。

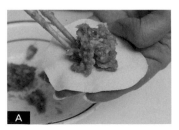
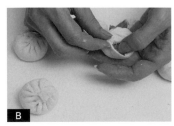

水煎包

水煎包亦有韭菜餡的也非常好吃，水煎包一定要煎至底部酥脆，麵皮鬆軟才好吃。

材料 INGREDIENTS

份量｜十人份

絞肉 _____ 12 兩
紅蔥酥 _____ 3 大匙
蝦皮 _____ ½ 杯
蔥花 _____ 1 杯
高麗菜 _____ 1 斤
黑、白芝麻（炒熟）
_____ 適量

▸ 發麵料
　中筋麵粉　1 斤（4½ 杯）

溫水 ____ 13 兩（2 杯）
糖 _____ 1 大匙
酵母粉 _____ 1 大匙

▸ 揉麵料
　奶粉 _____ 2 大匙
　細砂糖 _____ 3 大匙
　低筋麵粉 _____ 1 杯
　豬油或沙拉油
_____ 1 大匙

▸ 拌肉料
　醬油 _____ 3 大匙
　鹽 _____ 1 大匙
　味精 _____ ½ 茶匙
　五香粉、糖
_____ 各 1 茶匙
　胡椒粉 _____ ½ 大匙
　麻油 _____ 2 大匙
　水 _____ 2 大匙

作法 PRACTICE

01　溫水中加糖和酵母粉先調勻，倒入 1 斤麵粉中揉成麵糰，醒發 3 ～ 6 小時左右，至膨脹成 2 ～ 3 倍左右，內有蜂巢狀即為發麵。（圖 A-B）

02　絞肉中調入拌肉料，仔細攪拌至有黏性，調成肉餡，最後加入紅蔥酥、蝦皮、蔥花、高麗菜末（先醃過並擠乾水分）拌勻，即為包子餡，冷藏 2 小時待用。

03　發麵內加入揉麵料，再一次揉光滑，成為有彈性的麵糰，待用時分成 30 小粒（每粒約 40g），再擀成圓片狀。

04　麵皮中包入餡料，捏成包子型（圖 C-E）。

05　平底鍋燒熱，加適量的油再燒得極熱，先熄火，迅速將包子排入再開火。先將底部煎黃，注入 2 至 3 杯的水（水中先調入 1 茶匙白醋和 1 大匙麵粉），蓋上鍋蓋煎至水分收乾（約 8 ～ 10 分鐘）。撒上黑、白芝麻適量，淋下 2 大匙油再煎一下，至有酥皮便可起鍋。

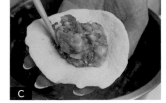

牛肉捲餅

　　北方人吃捲餅最注重沾醬的香氣，炒甜麵醬時，以中火爆炒至醬的香氣足、色澤亮度夠，變成最佳的沾醬，捲餅除了捲牛肉片外，亦可包捲烤雞、肉絲或合菜吃，都能夠顯現不同的風味。也有的店家，製作較薄的蔥油餅來捲著牛肉吃，香氣更棒。

材料 INGREDIENTS

份量｜十人份

中筋麵粉	2½ 杯	糖	1 大匙	酒	½ 杯
開水	⅔ 杯	醬油	1 大匙	醬油	1 杯
冷水	¼ 杯	水	3 大匙	鹽	1 茶匙
牛腱	1 斤半	麻油	1 大匙	水	6 杯
牛肥油	2 兩				
蔥條	10 條	▶ 煮肉料			
小黃瓜	4 兩	老薑	5 大片		
		大紅椒	1 條		
▶ 醬料		八角	2 顆		
甜麵醬	2 大匙	冰糖	2 大匙		

作法 PRACTICE

01　將牛腱用滾水川燙、去掉血水，再用冷水沖淨。

02　牛肥油切成小塊，用 1 大匙油炒透，再放老薑、大紅椒和八角續炒，並加入其餘的煮肉料。放下牛腱，先用大火煮滾，再改小火燒 2 小時，至牛肉約為 8 分爛，熄火後續燜 1 小時。取出待涼，放置冰箱冷藏，食用前再以利刀切成薄片。

03　將麵粉盛在盆中，沖下開水，同時用筷子攪動，1 分鐘後再加入冷水，用手拌勻揉成一團，放置約 30 分鐘，再將麵糰分成約 10 塊，用手壓扁再擀成約 20 公分大小的圓形薄片。

04　選用厚實平底鍋，鍋燒熱後，將擀好麵片烙熟，塗抹上已炒好的甜麵醬（甜麵醬、糖、醬油、水和麻油調勻、炒熟）及牛肉片、蔥條、小黃瓜條（先直剖為 4 條），捲成筒狀即可食用。（圖 A-C）

牛肉餡餅

餡餅中有花素餡餅，其中韭菜餡料也很好吃，餡料可以自行變化，餡料的作法都是一樣的。

材料 INGREDIENTS

份量｜十人份

絞牛肉	半斤
絞肥豬肉	2兩
蔥絲	½杯
薑末	1大匙
花椒粒	1大匙
溫水	3大匙
中筋麵粉	2½杯
水	1⅓杯

▸ **調味料**

醬油	3大匙
麻油	1大匙
鹽	⅔茶匙
味精、胡椒粉	各少許

作法 PRACTICE

01　麵粉內加水調拌，揉和成軟硬適度的麵糰，醒20分鐘。

02　花椒粒用溫水泡軟，並用擀麵棍壓擠使其味道透出，去渣即成花椒水。

03　牛肉、絞肥肉內加入蔥絲、薑末、花椒水及調味料，仔細攪拌均勻，冷藏2小時備用。

04　將麵糰再揉光一次，分成10小粒（每粒約60g），擀成7～8公分大圓片，包入牛肉餡，邊緣收口後，收口朝下，由光面壓平成約6公分直徑大小的餅狀。（圖 A-C）

05　在平底鍋內燒熱少量的油，放下牛肉餡餅，煎黃兩面，並撒少許清水，蓋上鍋蓋燜至熟，再淋少許油，煎脆底面即可。（圖 D）

三鮮鍋貼

通常鍋貼和牛肉餡餅之類的麵食小吃，食用時沾些醬油和醋調合沾汁同食，更增添美味及爽口。

材料 INGREDIENTS

份量｜十人份

中筋麵粉
──────── 1 斤（4½ 杯）

開水 ──────── 1½ 杯

冷水 ──────── ⅔ 杯

絞肉 ──────── 1 斤

蝦仁 ──────── 4 兩

韭黃 ──────── 6 兩

▶ **調味料**

薑汁 ──────── 1 茶匙

醬油 ──────── 3 大匙

鹽 ──────── 1 大匙

味精 ──────── ¼ 茶匙

麻油 ──────── 3 大匙

▶ **煎鍋貼料**

水 ──────── 1½ 杯

醋、麵粉 ── 各 1 大匙

作法 PRACTICE

01 麵粉用開水沖燙並用筷子攪拌，待稍涼後加入冷水，用手揉成軟硬適中的麵糰，蓋上白布放置 10 分鐘以上。

02 絞肉置大盆中，加入切成小丁的蝦仁與調味料，用力攪拌均勻至很有黏性後，再加入切了丁的韭黃，輕微拌勻即為餡。

03 將步驟 01 的麵糰重新揉光，分成 60 小粒，每粒擀成約 7 ～ 8 公分直徑的橢圓形皮子，放入 1 大匙餡料包成鍋貼狀，兩頭各留 ⅓ 公分的口（或全部密合亦可）。（圖 A-C）

04 將平底鍋燒熱，淋下 3 大匙油，油熱後排入鍋貼，先用大火煎烤一下，至有焦黃色，倒入 1½ 杯水（水中加入醋和麵粉）蓋上鍋蓋，用大火煎煮至水分收乾為止，再沿著鍋邊淋下 1 ～ 2 大匙油，續煎至有脆底便可鏟出食用。（圖 D）

蘿蔔絲餅

　　蘿蔔絲除了用炒的外，亦可用水煮熟，撈起後要脫乾水分才能當餡。也有的店家用鹽醃生蘿蔔絲來使用亦可，反正無論以何種方法處理至熟，均要將水分擠乾才能當餡使用。有的店家採買乾蘿蔔絲泡軟來製成餡料，一年 365 天價位穩定，不像生蘿蔔只在冬季時便宜好吃，到了夏季價貴質也欠佳，會影響利潤和品質。

材料 INGREDIENTS

份量｜十人份

中筋麵粉	3 杯
開水	1 杯
冷水	⅓ 杯
蘿蔔	2 斤
蝦皮	½ 杯
蔥花	½ 杯

▸ 調味料

鹽	1½ 茶匙
味精	⅓ 茶匙
麻油	1 大匙
胡椒粉	2 茶匙

作法 PRACTICE

01　將開水 1 杯沖入 3 杯麵粉內燙半熟，並迅速用筷子攪拌，待稍涼後，再加入 ⅓ 杯的冷水，揉成軟硬適中的麵糰，放置約 30 分鐘。

02　將蘿蔔用銼絲板銼成細絲，入鍋以少量的油炒熟盛出，待稍涼後拌入蝦皮、蔥花和調味料，拌勻即為餡料。

03　將醒透的麵糰揉光滑，先分成 10 小粒，每粒擀成約 6 公分直徑大小薄片，在中間放下 3 大匙餡料，將收口捏緊後壓扁，再擀成 8 公分直徑大小。（圖 A-C）

04　在鍋內燒熱少量的油，排放多個蘿蔔絲餅，用小火煎黃兩面，慢慢煎至熟即可。

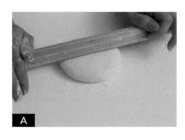

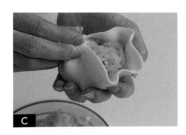

韭菜盒子

　　製作韭菜盒子時，若要簡便一點，則直接將盒子密合後捏緊，不再做造型，直接下鍋煎煮便可。

　　韭菜盒子亦可用北方人常見的烙餅方式，即用厚實的鍋子不加油，以小火烙熟，吃起來不油膩，麵的香氣好又軟Q。通常市售的韭菜盒子，為了搶時間、能快速起鍋出售，大多會以多量的油煎，因油量多，盒子會膨脹一些，且會有些氣泡，賣相較好，但較油膩。

材料 INGREDIENTS

份量｜十人份

中筋麵粉	2 杯
開水	½ 杯
冷水	⅓ 杯
蝦皮	2 大匙
豆乾丁	3 大匙
韭菜	6 兩
粉絲（泡軟）	½ 杯

▶ **調味料**

醬油	½ 大匙
鹽	⅔ 茶匙
味精、胡椒粉	
	各少許
麻油	1 大匙

作法 PRACTICE

01　麵粉用開水沖燙並用筷子攪拌，待稍涼後加入冷水，用手搓揉成軟硬適中的麵糰，蓋上濕白布，放置 10 分鐘以上。

02　將韭菜洗淨並瀝乾水分後，切成粒狀。

03　粉絲切成半寸小段，置盆內加入豆乾丁、蝦皮和調味料，仔細調拌均勻，最後放下韭菜輕拌即為餡。（圖 A）

04　將步驟 01 的麵糰重新揉光，分成 10 小粒，每粒擀成 10 公分直徑大小薄片，在中間放 3 大匙韭菜料，對合圓邊，每個盒子密合後，用飯碗在邊緣轉一圈，切掉不規則的部分，即成為漂亮又一致的韭菜盒子。（圖 B-C）

05　在鍋內燒熱少量的油，排入盒子，用小火煎煮（兩面）至熟即可。（圖 D）

台式蔥油餅

　　通常市面上賣蔥油餅分為兩種，一為北方式，是最道地傳統的小型蔥油餅，另一種則為台灣人研發出來的大型蔥油餅。麵粉中摻入地瓜粉，做出來稍呈透明狀，有彈性，口味呈現台式風味。特色是麵糰較軟，擀麵時不用乾麵粉，而是放沙拉油在麵板上操作。

材料 INGREDIENTS

份量｜一張四人份

中筋麵粉	半斤
地瓜粉	2 兩
滾水	⅔ 杯
冷水	½ 杯
油	1 杯

▸ **調味料**

鹽	2 茶匙
味精	少許
蔥花（綠色部分）	
	½ 杯
白芝麻	1 大匙

作法 PRACTICE

01 將地瓜粉用 2 大匙水調勻，沖下 ⅔ 杯滾水，用筷子攪勻後，再放入麵粉、1 大匙油、4 大匙冷水（冷水的量要自行調整），搓揉成軟性麵糰，放置醒 20 分鐘。

02 將醒過的麵糰再加以揉光，擀成一尺直徑的大圓薄麵片，抹上一層沙拉油（約 4 大匙），均勻撒上鹽、味精及蔥花。將大麵皮捲成筒狀，再盤成螺旋形，用手壓扁，然後沾上足夠的沙拉油後，置入塑膠袋內，放置 30 分鐘。（圖 A-E）

03 將醒好的麵糰擀平，撒上白芝麻，擀成約 1 公分厚、30 公分寬的大圓片。（圖 F）

04 鍋中燒熱 3 大匙油，放下餅（以擀麵棍抄起入鍋）後（圖 G），用中小火一面煎一面轉動，翻轉一面再煎，並蓋上鍋蓋燜熟。最後起鍋前，再下 1 大匙油煎成金黃色，取出切 8 等份即可。

A

B

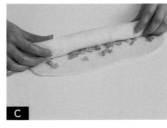

C

D

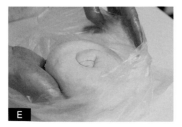

E

F

G

刈包

　　焢肉時加入海山醬同燒，會有特殊的醬香味，色澤微紅誘人，是最傳統老祖母的獨家秘方，吃來不油膩，有別於一般僅以醬油製作出來、有油膩感的焢肉，營業時用此方法做出好吃的烘肉是致勝要訣。食用時亦可加些香菜末，更增添香氣。

材料 INGREDIENTS

份量｜十人份

五花肉（方塊）	約 1 斤 4 兩
水	8 杯
蔥	2 支
薑	2 片
刈包	10 個
酸菜	半斤
薑末	½ 大匙

▸ **燒肉料**

酒	1 大匙
海山醬	3 大匙
醬油	4 大匙
冰糖	1 大匙
鹽	½ 茶匙

▸ **調味料**

糖	1 大匙
花生粉	1 杯

作法 PRACTICE

01　水 8 杯煮滾，放下整塊五花肉、蔥和薑，煮 30 分鐘左右熄火，續燜 10 分鐘再取出放涼，放入冰箱冷藏至有硬度。

02　將冰過的五花肉切成 0.5 公分的片狀，放回原煮肉的湯汁內，並加入酒、海山醬、醬油、冰糖和鹽，以細火慢燉 1 小時至肉爛汁稠即為焢肉。

03　1 大茶匙油爆香薑末後，放下切了末的酸菜，大火炒香並加入糖炒勻後盛出。

04　取加熱過的刈包，打開後夾入一層酸菜、一片焢肉、適量花生粉，即可食用。

滷肉飯

　　肉燥細火慢燉味自香，用陶瓷鍋燉可兼具保溫又不易燒乾肉燥的好處，熄火後放置一些時候再使用，會更入味且香味十足。肉燥亦有人稱之為滷肉，若真要細分，如以豬絞肉製作，燒出來為肉末狀，應稱為肉燥，本書所製作的滷肉為條狀，因是手工切的豬肉條，所以香氣、口感不同，是最受大眾喜愛的，亦有店家稱這種滷肉為肉燥。

材料 INGREDIENTS

份量│十人份

五花肉	1 斤半
豬脖子肉	半斤
蝦米	2 大匙
紅蔥酥	½ 杯
白飯	10 碗

▶ 調味料

豆瓣醬	1 大匙
米酒	½ 杯
醬油	¾ 杯
深色醬油	¼ 杯
冰糖	2 大匙
甘草	2 片
桂皮	1 片
鹽	½ 茶匙
水	6 杯

作法 PRACTICE

01 五花肉、豬脖子肉均煮熟，取出待涼，切成條狀。

02 炒鍋加熱，倒入 2 大匙油，將全部肉條放入，用大火爆炒至部分肥油滲出，再放蝦米、豆瓣醬拌炒至有香味。

03 再加上紅蔥酥和其餘的調味料燉煮 1 小時半。熄火後，燜 30 分鐘以上、至 24 小時，即為滷肉。

04 每碗熱白飯上澆下適量滷肉，即為香噴噴的滷肉飯。

台南碗粿

　　碗粿亦有人喜歡當早餐吃，所以有的店家也會製作素的口味，蒸出來是純白色、原味的，只放點鹽、味精、胡椒粉去蒸，食用時在碗粿上加些炒得香香的蘿蔔乾和醬油膏也是不錯的選擇。

　　做碗粿時，米及水的比例是1：3，選購越舊的米彈性就越好，若家庭自製、量少時，可用果汁機打米漿或以在來米製作碗粿會較為方便，但彈性較差。建議製作時可摻少量地瓜粉及1杯白米飯一起攪拌，亦可增加彈性口感。

材料 INGREDIENTS　　　　　　　　份量｜十人份

在來米	半斤	飯碗	10 個
水	1 斤半		
肉燥	1 杯	▶ 調味料	
（見第 45 頁的肉燥作法）		鹽	½ 茶匙
瘦肉片	4 兩	味精	¼ 茶匙
蝦仁	4 兩	胡椒粉	½ 茶匙

作法 PRACTICE

01　在來米洗乾淨，用水浸泡半天，以磨米機成米漿，並加調味料調味，倒入炒菜鍋內拌炒成糊狀，待稍降溫，拌入 ⅔ 碗的肉燥，即為粿漿。（圖 A-B）

02　將每個飯碗內抹油，倒下 8 分滿的粿漿，每碗再放入少許肉燥（帶些肉燥汁）點綴，最後放下適量肉片和蝦仁（圖 C-D），就可放入蒸籠內，用中大火蒸 20 分鐘。取筷子刺入碗粿料中，若粿漿不沾筷子，表示碗粿已熟。

03　上桌時可澆下自製的沾醬，如甜辣醬或海山醬（沾醬作法請參考第 250 頁）。

米苔目

　　營業麵攤上銷路最好的是米苔目與切仔麵，最道地又傳統的作法是在切仔麵上鋪上數片切得極薄的肉片（如圖中後面那一碗），吃起來麵Q、湯清、肉片鮮嫩，很受大眾的喜愛。常聽旅居國外多年的人提起，回台灣最想去吃的台灣小吃就是切仔麵。但現在許多麵攤只放肉燥，較不道地，湯頭清澈度不夠。頭家朋友若維持傳統道地口味的切仔麵攤，生意多半不錯。

　　米苔目除了賣帶湯的以外，可以兼賣乾拌的，亦會受顧客喜愛。

材料 INGREDIENTS　　　　　　　　　　　　　　份量｜十人份

粗絞肉	1 斤	
大蒜末	1 茶匙	
米苔目	2 斤	
豆芽	半斤	
韭菜	4 兩	
高湯	適量	

▶ 調味料
鹽、味精、紅蔥酥、柴魚片、白芝麻、麻油、胡椒粉
各適量

▶ 煮肉燥料
酒　　　　2 大匙

醬油	1 杯
冰糖	1 大匙
鹽	½ 茶匙
紅蔥酥	½ 杯
甘草	2 片
高湯	5 杯

作法 PRACTICE

01　炒鍋內燒熱 3 大匙油，放下大蒜末和絞肉，用中火爆香，沿鍋邊淋下酒和醬油，續炒至有醬油香氣，再加入冰糖、鹽、紅蔥酥、甘草和高湯，以大火煮 20 分鐘後，倒入陶瓷鍋中，改用小火慢燉 1 小時，至肉呈深褐色即為香噴噴的肉燥。

02　將白芝麻放入乾炒鍋內，以小火慢炒 2 ～ 3 分鐘，至呈金黃色時，取出待涼透，稍加以碾碎（香氣才會釋出）。

03　將米苔目、韭菜段和豆芽入滾水鍋中燙一下，倒入湯碗裡迅速加入鹽、味精和紅蔥酥，並注入高湯，最後撒下柴魚、白芝麻、麻油、胡椒粉及一勺肉燥，即為一碗香噴噴、又吃來爽口的米苔目。

鹼粽

　　糯米拌鹼後，如不等候、直接就包，煮的時間要三小時以上。也可以不放硼砂，Q度較差，臨起鍋前放硼砂的作用，是容易剝開粽葉，較不黏手，且鹼粽較Q，不放亦可。拌鹼粉時，米有點變黃色即可，勿下太重的鹼粉，否則鹼粽吃起來會有苦澀味，請多加注意。

材料 INGREDIENTS

份量｜二十個

圓糯米	1 斤
鹼粉	1 茶匙
沙拉油	1 大匙
粽葉	40 張
棉繩	1 掛
硼砂	½ 茶匙
蜂蜜或砂糖	適量

作法 PRACTICE

01　將糯米洗得非常乾淨，拌入鹼粉和沙拉油調勻，放置半天備用。（圖 A-C）

02　粽葉洗淨，每 2 張相對，折成斗型，放入約 1 大匙泡透的糯米，折包成粽子狀，用棉繩鬆鬆紮好便可，勿綁太緊（取粽子於耳旁搖晃，感覺米粒會搖動）。（圖 D-E）

03　水燒滾，投入包好的粽子煮 2 ～ 3 小時，臨起鍋前 10 分鐘，加入硼砂同煮一下，即可取出。待涼後，置入冰箱冷藏至冰透，食用時以蜂蜜或砂糖沾食即可。

粿粽

　　粿粽要待涼後吃才Q。若磨米漿不方便,亦可用糯米粉200公克,在來米粉100公克,加砂糖、鹽、沙拉油後沖入1杯滾水,用筷子攪拌,稍涼後揉搓成粉糰,若覺得濕度不夠,可再加點冷水同揉。

材料 INGREDIENTS

份量│十人份

圓糯米	10 兩
在來米	3 兩
肉燥	1 杯
（見第 45 頁的肉燥作法）	
碎蘿蔔乾	3 兩
粽葉	40 張
棉繩	1 掛
沙拉油	酌量

▸ 調味料

沙拉油	1 大匙
鹽	½ 茶匙
糖	2 大匙
五香粉、胡椒粉、味精	
	適量
紅蔥頭酥	3 大匙

作法 PRACTICE

01 圓糯米和在來米加在一起洗淨，用水浸泡 2 小時，請有磨米機的店家代打成漿，並裝入布袋內紮緊，上置一重物壓乾水分，即為粉糰。

02 取 ¹⁄₁₀ 的粉糰煮熟（即為粿粹），加入剩下未煮的粉糰，沙拉油、鹽和糖搓揉成有彈性的粉糰，分成 20 小塊。（圖 A）

03 洗淨碎蘿蔔乾，用 1 大匙熱油煸香，再加入五香粉、胡椒粉、味精、紅蔥頭酥炒勻，最後加入肉燥拌勻即成粿餡，分別包入粉糰中，做成粿。（圖 B）

04 粽葉洗淨瀝乾水分，2 張粽葉對疊，並在內層抹上沙拉油，折成斗型後放入 1 個粿（圖 C），包紮成粽子型，放入蒸籠，以中火蒸 30 分鐘即可。

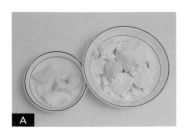

北部菜粽

菜粽的內餡可自己加以變化，如素火腿、素肉塊或加點蘿蔔乾同炒，以增加香味、鹹味也是不錯的選擇，亦有素淨淡雅型、純用糯米加花生而不包餡料，食用時撒些花生粉，吃來也是香糯可口。

材料 INGREDIENTS

份量｜十個

長糯米	1 斤
小香菇	10 朵
麵輪	2 兩
熟花生	1 杯
粽葉	20 張
棉繩	1 掛

▸ 調味料

醬油	4 大匙
鹽、味精、胡椒粉	
	適量
花生粉	½ 杯

作法 PRACTICE

01 將糯米洗淨泡水 2 小時後，入滾水鍋中燙 1 分鐘，迅速撈出，瀝乾水分，放在已鋪了濕布的蒸籠內，用大火蒸 20 分鐘至熟便可。

02 將香菇泡軟。麵輪浸水半天至軟化，沖洗乾淨、切成末。

03 鍋燒熱，放適量的油炒香菇和麵輪，放 1 大匙醬油、3 大匙泡香菇水、適量的鹽、味精、胡椒粉炒勻做成菜餡。

04 將 4 大匙油燒至微熱，爆香適量的胡椒粉，並淋下醬油 3 大匙爆香，再加適量的鹽、味精調味，熄火後倒入熟花生和熟糯米飯拌勻。

05 將粽葉洗淨，每 2 張相對，折成斗型，放入步驟 04 的糯米飯約 1½ 大匙，再包入菜餡，然後再蓋上糯米飯，折包成粽子狀，用棉繩紮緊，置入蒸籠中，以大火蒸 30 分鐘即可。食用時可撒少許花生粉。

南部肉粽

水煮粽煮的時間較久，一次一掛做二十個較佳。此為南部粽的作法，吃起來香糯可口且入味，因煮得較透不傷胃。

材料 INGREDIENTS

份量｜十個

長糯米	2 斤
粽葉	20 張
棉繩	1 掛
腿肉或五花肉	1 斤
栗子	20 個
小香菇	20 朵
鹹蛋黃	10 個
蝦米	2 兩
紅蔥頭酥	1 杯

▸ 滷肉料

醬油	1 杯
酒	2 大匙
冰糖	1 大匙
八角	1 顆
水	2 杯

▸ 調味料

胡椒粉

鹽、味精	適量

作法 PRACTICE

01　將糯米洗淨浸泡 1 至 2 小時。粽葉泡水 30 分鐘後刷洗乾淨。（圖 A）

02　豬肉切成 20 塊，置鍋內加入滷肉料滷 30 分鐘至肉汁剩 1 杯左右，並將肉塊、湯汁分開放。（圖 A）

03　栗子泡水半天，用電鍋蒸熟；香菇、蝦米洗好；鹹蛋黃一切成二備用。（圖 A）

04　鍋中燒熱 3 大匙油，加入 ½ 杯紅蔥頭酥、胡椒粉、鹽、味精適量，並加入肉湯汁，泡蝦米、香菇的水（共約 ½ 杯）及瀝乾水分的糯米，快速炒拌均勻，至米粒成半熟狀時即盛出。（圖 A）

05　每 2 張粽葉相對，折成斗型，裝入 1½ 大匙的糯米，再放入栗子、香菇、鹹蛋黃、蝦米、肉塊和適量紅蔥頭酥，然後再加入糯米蓋上，折包成粽子狀（圖 B-D），用棉繩紮緊，置入開水鍋中，並加入 ½ 大匙鹽同煮 1 小時即可。

紫米一口粽

蒸糯米飯時，其米與水的比例為 1：$\frac{2}{3}$。

若以量米杯測量，1杯是4兩的米，所以2杯的米，加入 1$\frac{1}{3}$ 杯的水，煮起來軟硬適中。

材料 INGREDIENTS

份量｜十個

紫米	4 兩
圓糯米	4 兩
水	1 杯
粽葉	10 張
棉繩	10 條

▶ **調味料**

黃砂糖	4 兩
豆沙	3 兩
沙拉油	適量

作法 PRACTICE

01　紫米洗淨，用 1 杯水浸泡一晚上，再將圓糯米洗淨，加入紫米中。

02　電鍋外鍋放入 1 杯水，將步驟 01 混和的米連水直接放入蒸熟，續燜 30 分鐘，趁熱拌入砂糖。（圖 A）

03　將 3 兩豆沙分為 10 小粒，分別搓圓。

04　粽葉洗淨、浸泡軟化後，瀝乾水分或擦乾，用剪刀將每張由中央裁剪成 2 小張。（圖 B）

05　每 2 小張的粽葉相對，塗抹少許的沙拉油，再折成斗型，放約 ½ 大匙的紫糯米，1 粒豆沙，再放入 ½ 大匙紫糯米蓋上，折包成粽子狀（圖 C-D），用棉繩紮緊，置入蒸籠內，以大火蒸 15 分鐘便可取出，涼透再食用。

滿月油飯

滿月油飯即為香菇油飯再加雞腿及紅蛋，一般家常若要做油飯亦可照此食譜操作。簡易版的糯米飯亦可 1 杯長糯米加 ⅔ 的水，放入電鍋，外鍋 1 杯水，跳起來就成為糯米飯了。蒸出來的較 Q。

材料 INGREDIENTS

份量｜四人份

雞腿	4 支
蔥	2 支
薑	1 兩
八角	2 顆
長糯米	2 斤
乾魷魚	½ 條
鹼粉	1 茶匙
蝦米	1 兩
香菇	1 兩
豬肉絲	2 兩
白煮蛋	8 個
6 號色素	少許
冷開水	½ 杯

▶ **醃雞腿料**

酒	2 大匙
醬油	½ 杯
鹽、糖	適量

▶ **炒油飯料**

黑麻油	½ 杯
豬油	3 大匙
酒	2 大匙
醬油	½ 杯
鹽	2 茶匙
味精	1 茶匙
胡椒粉	2 茶匙

作法 PRACTICE

01 將蔥、薑、八角用力拍碎，加入醃雞腿料抓拌均勻，再放下雞腿醃 2～4 小時使其入味，再放入蒸籠內，以大火蒸煮 15 分鐘。取出瀝乾湯汁，待涼後投入熱油鍋中，以大火將外皮炸成金黃。

02 6 號色素少許和冷開水 ½ 杯調勻，再將白煮蛋沾染上色即為紅蛋。

03 糯米洗淨泡水 2 小時後，入滾水鍋燙 1 分鐘，迅速撈出，瀝乾水分，放在已鋪了濕布的蒸籠內，用大火蒸 20 分鐘至熟便可。

04 鹼粉加 2 杯溫水，調成鹼水，放下乾魷魚絲泡 2～4 小時，至沒有硬心便可取出，用水沖洗至沒有鹼味後，切絲待用。蝦米泡水；香菇泡軟、切絲。

05 鍋中燒熱黑麻油與豬油，炒香蝦米、香菇、肉絲和魷魚，淋下炒油飯料並把泡蝦米和香菇的水（共約 ½ 杯）入鍋炒勻，熄火，再倒下剛蒸熟的糯米飯，趁熱鏟勻即為油飯。

06 取一裝油飯的盒子，先鋪約 1 斤重油飯，再放下炸好的 1 隻雞腿和 2 個紅蛋即為滿月油飯。

筒仔米糕

　　圓糯米特性是糯性強，而長糯米Q度較佳，一般市面上若炒油飯，均是採用長糯米，而做米糕或做飯糰，希望定型佳、口感又好，最理想的方法是圓、長糯米各半來製作，賣相與口感俱佳。

　　亦可用第 45 頁的肉燥來做米糕。

材料 INGREDIENTS

份量│十人份

圓或長糯米 ⋯⋯⋯⋯⋯⋯⋯ 2 斤
滷肉 ⋯⋯⋯⋯⋯⋯⋯⋯⋯⋯⋯ 2 杯
（見第 177 頁滷肉的作法）
滷肉汁 ⋯⋯⋯⋯⋯⋯⋯⋯⋯⋯ 1 杯
鵪鶉蛋 ⋯⋯⋯⋯⋯⋯⋯⋯⋯ 10 個
香菇、蝦米 ⋯⋯⋯⋯⋯ 各 2 大匙

▶ 調味料
酒 ⋯⋯⋯⋯⋯⋯⋯⋯⋯⋯⋯ 1 大匙
鹽、味精、胡椒 ⋯⋯⋯ 各適量

▶ 澆頭
甜辣醬、肉鬆、香菜

作法 PRACTICE

01 糯米洗淨用水浸泡約 1 小時，置於鋪了濕布的蒸籠裡，用
大火蒸 30 分鐘左右。

02 用 2 大匙熱油爆炒香菇絲和蝦米，至有香氣後，淋下調味
料、滷肉汁及熱糯米飯，拌炒均勻。（圖 A）

03 米糕杯中放入 1 大匙滷肉（要帶些肉燥汁）和 1 個鵪鶉蛋，
舀入步驟 02 的糯米飯壓實，入籠蒸 20 分鐘。（圖 B-D）

04 食用時將米糕倒扣於盤上，淋上甜辣醬，表面放些香菜、
肉鬆會更可口。

什錦飯糰

　　可使用的什錦料種類很多，每個店家各有不同，例如紅糟肉、胡蘿蔔絲、榨菜絲等均可，一般在賣出時由顧客自選什錦料後，再包成飯糰。糯米泡水的時間視天氣而定，若夏季浸泡 1 小時為最佳，而在冬季則泡 2 小時左右最好。

材料 INGREDIENTS

份量│十人份

長糯米	1 斤半
肉燥	1 杯
滷蛋	5 個
酸菜	半斤
小黃瓜	2 條
蘿蔔乾	4 兩

老油條、花生粉、魚鬆、
香菜 各適量

▸ **炒酸菜料**

大蒜、紅椒末	各 1 茶匙
糖	1 茶匙

▸ **醃黃瓜料**

鹽	適量

▸ **炒蘿蔔乾料**

胡椒粉	½ 茶匙

作法 PRACTICE

01 將糯米洗淨泡水 2 小時後，入滾水鍋中燙 1 分鐘，迅速撈出瀝乾水分，放在已鋪了濕布的蒸籠內，用大火蒸 20 分鐘至熟便可。

02 酸菜洗淨切末，用油 2 大匙加大蒜和紅椒一起炒香，再加糖調味。小黃瓜切片用適量的鹽醃 5 分鐘，擠掉水分。滷蛋一切為四，蘿蔔乾加胡椒粉，用少量的油炒香。（圖 A）

03 將 1 條乾淨毛巾放在掌上，再放 1 個塑膠袋，攤開一層糯米飯，再下各種什錦料，包裹成飯糰狀即可。（圖 B-C）

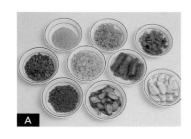

米食小吃

台南米糕

　　蒸糯米的方法，亦可用最傳統的木製蒸桶來蒸，吃起來香糯又Q，作法是米洗淨泡水半天，倒掉水後，放入蒸桶內蒸25～30分鐘，至米粒呈透明即可。一般賣早點的飯糰多以木製蒸桶蒸飯，保溫時間較長。

　　糯米用蒸籠蒸前，先燙過滾水，比較容易熟，且飯的質地較鬆、Q，不會太黏。米泡水時間的長短視天氣冷熱而定，天氣越冷時間越長。

　　1斤糯米蒸熟重量是1斤9兩，每碗米糕1人份重量約5兩，2斤糯米可做出10碗的米糕。

材料 INGREDIENTS

份量｜十人份

長糯米	2斤
肉燥	2杯
（見第45頁肉燥的作法）	
花生	4兩
八角	1顆
小黃瓜	2條
（或醃黃蘿蔔2兩）	
魚鬆	1杯

▶ **調味料**

鹽	適量

作法 PRACTICE

01　將花生洗淨，泡水半天。倒掉泡花生的水，加入八角1顆和適量的水煮30分鐘後放下少許的鹽，熄火備用。

02　小黃瓜整條用適量的鹽搓揉3分鐘，洗淨，切片。

03　將糯米洗淨，泡水2小時後，入滾水鍋裡燙1分鐘，迅速撈出瀝乾水分，放在已鋪了濕布的蒸籠內，用大火蒸20分鐘至熟便可。

04　熱的糯米飯盛於飯碗內，淋上1大匙帶湯汁的肉燥，鋪上小黃瓜片、放上適量的魚鬆和數顆花生即為好吃的台南米糕。

肉類小吃

麻油雞

　　吃麻油雞時最適合與麵線同食，賣麻油雞的店家，亦賣麻油雞麵線，最受食客歡迎。傳統麻油雞使用純米酒，不加水，是婦女用來坐月子專用，是相當補身的好食物。若當小吃食用，以半酒水煮成，適合任何人食用。亦有店家為了增添香味而放點當歸、川芎，也是不錯的選擇。通常會在盛碗時再滴一些米酒來提升香氣。

材料 INGREDIENTS

份量｜十人份

半土雞	1 隻
老薑	半斤
黑麻油	2 杯

▶ **調味料**

冰糖	2 大匙
水	3 杯
米酒	3 瓶

作法 PRACTICE

01　老薑洗淨，用厚刀拍扁待用。

02　半土雞剁成 1 寸半左右塊狀。

03　鍋燒熱，倒下 2 杯黑麻油，投入老薑爆香後，再放下雞塊以大火煸炒，至雞皮焦黃且有香氣時，注入水、米酒和冰糖，煮約 20 分鐘至雞肉熟透即可。

雞捲

　　市面上的雞捲有多種不同的內餡，各展現出不同的風味。常見的是絞肉或是魚漿製成的，都非常好吃。因是油炸物，可做些糖醋黃瓜片附上同食，吃起來較不油膩又爽口，是不錯的選擇。

　　小黃瓜切片後用適量的鹽醃一下，擠乾水分後，加入白醋、白糖（醋糖比為 1：1）拌勻，放置入味即可，此為糖醋黃瓜的作法。

雞捲 I

材料 INGREDIENTS　　　　　　　　　　　　　　　　份量｜十人份

絞肉	12 兩	麵粉	4 大匙
高麗菜、洋蔥、胡蘿蔔		蛋	1 個
	各 2 杯	豆腐衣	5 張
荸薺	3 大匙	麵糊	適量

▶ 調味料

鹽	1 茶匙
醬油	1 大匙
味精、糖、五香粉、胡椒粉	各少許

作法 PRACTICE

01　將蔬菜料切絲，荸薺拍成粉末，全部和絞肉、麵粉、蛋及調味料攪拌均勻。

02　豆腐衣每張一切為二，在每小張豆腐衣上放下 1/10 的餡料，捲成雞捲狀，邊緣沾上麵糊封口，投入溫油鍋中炸熟，切段裝碟，沾甜辣醬食用。

雞捲 II

材料 INGREDIENTS　　　　　　　　　　　　　　　　份量｜十人份

洋蔥	1 杯	豆腐衣	5 張
荸薺	3 大匙	麵糊	適量
胡蘿蔔	½ 杯	韭菜	10 支
雞肉	6 兩		
魚漿	1 斤	▶ 調味料	
蛋	1 個	鹽	½ 茶匙
麵粉	3 大匙		

▶ 醃雞料

酒	1 大匙
醬油	2 大匙
鹽	½ 茶匙
味精、糖、五香粉、胡椒粉	各少許

作法 PRACTICE

01　將洋蔥、荸薺、胡蘿蔔切成末，置入碗中，加入鹽、魚漿、蛋和麵粉攪拌均勻。

02　雞肉切成條狀，用醃雞料拌勻，醃透。

03　韭菜入滾水鍋中內燙半熟，撈起馬上以冷水沖涼。豆腐衣每張一切為二。

04　將步驟 01 的魚漿攤薄薄一層在豆腐衣上，再放上雞條、1 支韭菜、再蓋上一層薄魚漿，裹緊捲起成筒狀，投入溫油中炸熟，切段裝碟，沾甜辣醬食用。

肉類小吃

各式滷味

　　滷味家家有，各有口味不同，想要保持滷汁的原味與香氣，肉類及菜料一定要分開來滷，而滷過菜料的滷汁因為含有水分及豆乾的豆青味，容易酸敗，滷過 1～2 次即得丟棄。而純肉滷汁則越滷越香。每天滷過後撈淨殘渣，重新滾過，可久存不壞。想要使滷汁色澤較深，可選購深色醬油或醬色加入滷汁中。滷包、酒、冰糖、醬油、老薑、鹽、水要不時地添加，以調整滷汁味道適中。

材料 INGREDIENTS

份量│十人份

高湯	4 公升	冰糖	½ 杯	花椒	2 錢
雞翅、雞爪、五花肉、		鹽	1 湯匙	沙薑	2 錢
豬尾、豬耳朵、豆乾、		老薑	1 塊	陳皮	3 錢
海帶、白煮蛋				桂皮	3 錢
		▸ 滷包		丁香	1 錢
▸ 調味料		大茴	2 錢	甘草	2 錢
醬油	1 瓶	小茴	3 錢	草果	2 粒
米酒	1 瓶				

作法 PRACTICE

01　高湯中加入調味料和滷包煮 20 分鐘，至出味即為滷汁。

02　雞翅、雞爪用開水燙去血水後，再放入滷汁中，以大火煮開後，改小火續滷 10 至 15 分鐘，熄火後浸泡 1 至 2 小時，入味即可。

03　豬耳朵處理乾淨，用開水煮 10 分鐘後，撈出用冷水沖洗乾淨。

04　五花肉、豬尾投入滷汁中煮 20 分鐘，再將豬耳朵投入，續滷 15 分鐘，熄火浸泡 2 小時，撈出待涼再切片食用。

05　將滷汁取出部分，加入豆乾、白煮蛋及 1 杯水、鹽、八角適量，以大火滷 10 分鐘後再放入海帶，續煮 3 分鐘，熄火浸泡 30 分鐘，先挾出海帶，豆乾和蛋續泡 1 小時，至入味後便可。

卡拉雞腿

卡拉雞腿講究肉質鮮嫩多汁，所以選肉質易熟、軟軟嫩嫩的肉雞。另外卡拉粉內含有卡拉林德膠，所呈現出來的炸雞腿，顏色不易變黑，脆度增加、同時保持脆度的時間也拉長，肉也不易縮的特點。

卡拉雞腿酥脆、層次感分明，重點也在沾乾卡拉粉的時候，雙手輕握雞腿兩側，在卡拉粉上翻轉 2 ～ 3 次，所炸出來的酥皮即會有漂亮的層次感。

專用香雞排醃料、卡拉粉是營業用，超市、雜貨店買不到，可以前往迪化街專賣營業用的店鋪選購或洽詢紅飛股份有限公司的詹文賓先生，詢問適合營業用的各類粉料，他會熱心答覆，電話：2915-1335。

材料 INGREDIENTS

份量｜十人份

小雞腿	10 支
▶ 醃雞料	
專用香雞排醃料	3 大匙
大蒜泥	1 大匙
水	2 杯
卡拉粉	3 杯
特製胡椒鹽	適量

作法 PRACTICE

01 雞腿在內側處，以利刀沿著骨頭劃開兩個刀口（炸時易熟）。

02 專用香雞排醃料、大蒜泥加入 1 杯水調勻，雞腿放入拌勻，醃 1 個小時以上。

03 ½ 杯卡拉粉置盆中，加入 1 杯水調成稀麵糊狀。另外 2 杯半的卡拉粉置大盤上備用。

04 醃透的雞腿先裹上稀麵糊，再沾滿乾卡拉粉，重複 2 ～ 3 次（輕沾即可，勿用力壓實），投入熱油鍋中，以小火慢炸 6 分鐘左右，熟透即可起鍋，撒下胡椒鹽便成。

肉類小吃

香酥雞排

通常醃大量雞肉時，25 斤肉、10 兩蒜泥、1 斤香雞排醃料和 4 斤水是非常好的比例。

炸油需要選購專供炸雞用的油品，是一種調合油，特色是耐炸、色澤不易變黑，同時炸出來的成品酥脆度夠、顏色金黃、賣相佳。油的品質把關，頭家們需要費點心思。

專用醃雞粉、香酥炸雞粉、特製胡椒鹽都有營業專用的，超市、雜貨店買不到，可以前往迪化街專賣營業用的店鋪選購或洽詢紅飛股份有限公司的詹文賓先生，電話：2915-1335。

材料 INGREDIENTS

份量│十人份

雞胸肉 ⋯⋯⋯⋯⋯⋯⋯ 5 個

▶ **醃雞料**

專用香酥雞排醃料 3 大匙
蒜泥 ⋯⋯⋯⋯⋯⋯⋯ 1 大匙
水 ⋯⋯⋯⋯⋯⋯⋯ 1 杯
專用香酥炸雞粉
特製胡椒鹽 ⋯⋯⋯⋯ 適量

作法 PRACTICE

01 將雞胸肉直剖成 2 塊，再由肉厚處片開成薄片狀。

02 香雞排醃料、大蒜泥和水放置盆中調勻，再放下雞肉片醃 1 小時。

03 每片雞肉沾裹專用香酥炸雞粉，並用手壓實粉料，放置 20 分鐘，即為生雞排。

04 生雞排投入熱油鍋中炸酥，即成香酥雞排，食用時撒下特製胡椒鹽。

鹽酥雞

甜不辣、花枝餃、香菇、百頁、豬血糕、四季豆……等都是可以作為鹽酥雞周邊販售的材料，多花點心思，一定會更有特色。特製胡椒鹽是專供營業用的，香味較佳，每包約1公斤重。家庭用可自行調製，將白胡椒粉和鹽以2：1的比例放入乾鍋中炒香，即成家庭用胡椒鹽。

材料 INGREDIENTS

份量│十人份

雞胸	2 個
地瓜粉	1 杯
特製胡椒鹽、九層塔	適量

▶ 調味料

蔥	2 支
薑	3 大片
蒜泥	½ 大匙
酒	2 大匙
醬油	2 大匙
鹽	1 茶匙
糖	½ 大匙
胡椒粉、五香粉	各 1 茶匙

作法 PRACTICE

01 雞胸剁成半寸大小，加入所有調味料拌勻，放置 30 分鐘。

02 將醃透的雞塊沾裹上地瓜粉，每塊都要均勻沾上。

03 雞塊逐個投入熱油鍋中，炸至呈淡黃色即可全部撈起，瀝油備用（此時雞塊僅 7～8 分熟）

04 待要食用時再回鍋，以大火、熱油把表皮炸得酥酥的即可撈起，撒下特製胡椒鹽及現炸的九層塔少許，以增添美味。

麵、羹類小吃

豆簽

豆簽是由米豆製成，內含豐富蛋白質，適合老人、小孩食用，也受一般大眾喜愛。它的口感、風味獨樹一格，有豆的香氣和麵條的軟Q。在基隆夜市廟口的攤位，生意常是座無虛席，因為大家都想要嚐試和麵條不同的豆簽，味道究竟是如何，通常試過還會再光顧。

材料 INGREDIENTS

份量│十人份

豆簽	10 片
蝦米	2 兩
蚵仔	4 兩
地瓜粉	2 兩
筍絲	半斤
韭菜、豆芽、紅蔥酥	各適量
高湯	10 杯
地瓜粉、太白粉	各 3 大匙
水	1 杯

▶ **調味料**

冰糖、鹽、柴魚粉	各 1 大匙
醬油	3 大匙
胡椒粉、烏醋、麻油	各適量

作法 PRACTICE

01 燒熱 2 大匙油炒香蝦米，注入 10 杯高湯，並放下筍絲煮熟。

02 將地瓜粉和太白粉以 1 杯水調勻待用。

03 蚵仔抓洗乾淨後，將水分瀝得極乾，拌上乾地瓜粉，投入大鍋的滾水中燙半分鐘，撈起迅速以冷水沖一下（以免縮小）備用。

04 筍湯內加入冰糖、鹽、柴魚粉、醬油調味，待試嚐味道適中之後，用步驟 02 的濕粉勾芡成羹狀，即為豆簽羹底。

05 豆簽、韭菜、豆芽用滾水燙熟，裝入碗內，並放數顆蚵仔，再注入滾燙的豆簽羹底，撒下紅蔥酥、胡椒粉、烏醋和麻油便可。

羊肉羹

在燙煮魚漿條時，要僅以八分滾的水來煮，火候也要小，起鍋前以大火一滾，迅速撈起，不可以煮太久，以免鮮味流失，接著置入含有大量冰塊的冰水中泡涼後，瀝淨水分再使用。以此方法做出來的魚漿條味鮮、脆度十足，口感非常好，也有的作法是撈起魚漿條後，用巨大電風扇快速吹涼，口感亦佳。

材料 INGREDIENTS

份量｜十人份

羊肉片	半斤
魚漿	1 斤
紅蔥酥	2 大匙
芹菜末	2 大匙
高湯	10 杯
煮熟白蘿蔔	1 斤
蝦米	2 大匙
太白粉、地瓜粉	各 4 大匙
水	1 杯

▶ 調味料

柴魚粉	1 大匙
冰糖、鹽各	1 大匙
紅蔥酥、烏醋、麻油、胡椒粉、沙茶醬、九層塔	各適量
冰水	1 大碗

作法 PRACTICE

01 魚漿、紅蔥酥和芹菜末攪拌均勻，抓捏成小條狀，投入 8 分滾的水中煮熟，全部撈出泡入冰水中，即為魚漿羹。

02 利用煮魚漿的湯及適量高湯，加入熟白蘿蔔、蝦米、柴魚粉、冰糖和鹽煮滾。用太白粉、地瓜粉和水調合成的濕粉勾芡後，再加入魚漿羹即為羹底。

03 在客人點食時，將羊肉片放入滾水中燙熟，直接放入已經裝碗的羹底內。

04 紅蔥酥、烏醋、胡椒粉、麻油、沙茶醬、九層塔適量撒入羊肉羹中即可食用。

藥頭排骨

藥頭排骨經過長時間熬煮會散發出自然的藥香味，有的店家湯裡不調味，附上辣沾醬供顧客吃排骨時沾用。湯內放點醬冬瓜使藥材湯頭很順口，是好喝湯頭的秘訣。

當歸酒的作法是事先於米酒內加入少許蔘鬚、當歸和枸杞，浸泡數天即成香味濃厚的藥酒，滴上少許在湯內，效果佳。此種藥頭排骨屬於溫補，不燥不熱，任何人皆可飲用，可以強壯筋骨，最受勞工界朋友的喜愛。

材料 INGREDIENTS

份量│十人份

桂枝	1 兩
桂皮	3 錢
枸杞	8 錢
川芎	3 錢
熟地	5 錢
甘草	1 錢
當歸	2 錢
紅棗	1 兩
枝仔骨	1 斤
尾冬骨（或龍骨）	1 斤半
水	4 公升

▶ **調味料**

米酒	1 杯
醬冬瓜	1 小塊

作法 PRACTICE

01 將枝仔骨、尾冬骨先用開水川燙，再用冷水浸泡。

02 將藥材除紅棗外，其餘全部用布袋裝成 1 包。

03 全部排骨及藥材投入滾水中，熬煮 1～2 小時，直到藥材發出香味。

04 最後才可加入米酒與醬冬瓜，再煮約 10 分鐘便成（可再滴點當歸酒增添香味）。

酸辣湯

製作酸辣湯時，如不夠酸或辣，可在分裝小碗後，自行添加一些醋及胡椒粉，酸辣湯的辣味取決於辣味強的白胡椒粉，選購時要新鮮，好的胡椒粉才能做出夠辣又香的酸辣湯。

勾芡的羹如何不還原為水呢？若是現煮現吃的羹湯類，僅用太白粉勾芡即可，不會有還原成水的困擾，若營業用，放置的時間長，需用心選擇澱粉，最理想的方法是用 2 種粉或 3 種粉，例如：太白粉、地瓜粉 1：1 或糯米粉、太白粉、地瓜粉 1：1：1 的搭配來使用，或用綠豆粉來勾芡，均不會有還原為水或有太黏的問題。

材料 INGREDIENTS　　　　　　　　　　　　　　　　　　份量｜十人份

材料	份量	材料	份量	材料	份量
瘦豬肉	3 兩	蛋	2 個	醬油	2 大匙
豆腐	1 塊	太白粉	4 大匙	胡椒粉	2 茶匙
雞血	½ 塊	水	½ 杯	醋	3 大匙
木耳	½ 杯			麻油	1 大匙
筍	1 支	▸ 調味料		水	10 杯
胡蘿蔔	½ 個	鹽	1½ 茶匙	香菜	適量
		味精	½ 茶匙		

作法 PRACTICE

01 將瘦肉煮 20 分鐘（用 10 杯水同煮）取出待冷後，切成細絲。豆腐、雞血、木耳（泡軟）、筍（煮熟）、胡蘿蔔分別切成 2 寸長細絲，蛋打散備用。

02 將清湯（即煮肉剩下的湯）在鍋內燒開，放下胡蘿蔔、木耳、筍、豬肉、豆腐、雞血等，並加鹽、味精、醬油調味，待再煮滾後，用調水的太白粉勾芡，成為黏稠狀，將火改小，然後慢慢淋下蛋汁，並輕輕攪動，隨即離火。

03 在大湯碗裡備妥胡椒鹽、麻油和醋，然後倒下步驟 02 的湯汁混和，撒點香菜，即是酸辣湯。

花枝羹

　　亦可用相同方法製成蝦仁口味的蝦仁羹。羹內的蔬菜可以自己變動，大白菜、筍子、木耳等均可。現在市面上流行做好基本的羹底，等客人點食時，再以生花枝大火快炒，再取些基本羹底，做成生炒花枝羹，但是這種作法需要場地及人力夠時才能展現。

材料 INGREDIENTS

份量｜十人份

花枝	半斤
魚漿	半斤
紅蔥酥	3 大匙
高湯	10 杯
燙熟白蘿蔔	1 斤
太白粉、地瓜粉	各 4 大匙
水	1 杯

▶ **醃花枝料**

鹽、柴魚粉或味精	各 ⅓ 茶匙
太白粉	1 大匙

▶ **調味料**

冰糖	2 大匙
鹽	1 大匙
柴魚粉	1 大匙
大蒜醬油、烏醋、紅蔥頭酥、胡椒粉、麻油、沙茶醬、香菜或九層塔	各適量
冰水	1 大碗

作法 PRACTICE

01　將花枝切成條狀，用醃料拌勻，再加入魚漿和紅蔥酥拌均勻。將花枝逐個投入 8 分滾的水中煮熟，全部撈出，泡入冰水中，浸至涼後再瀝乾水分備用。

02　利用煮花枝的湯汁加適量的高湯，加入熟蘿蔔、冰糖、鹽和柴魚粉煮滾，用太白粉、地瓜粉及水調合成的濕粉勾芡後再加入花枝塊。

03　花枝羹裝碗，可選擇加入適量的大蒜醬油、紅蔥頭酥、烏醋、胡椒粉、麻油、沙茶醬、香菜或九層塔，即可食用。

清湯赤肉羹

　　醃赤肉羹用鴨蛋黃的特色是所含的蛋黃油質高，其顏色、香味和嫩度是雞蛋無法取代，這種赤肉羹是純肉不加魚漿製作，湯是清的，喝起來清淡素雅，湯鮮味美，有別於裹魚漿又勾芡的肉羹，川燙赤肉羹的原汁可加入高湯內共煮肉羹。

材料 INGREDIENTS

份量 | 十人份

瘦豬肉	半斤
白蘿蔔	2 斤

▶ 醃肉料

蒜泥	½ 茶匙
沙茶醬、酒	各 ½ 大匙
鹽	1 大匙
醬油	1 大匙
鴨蛋黃	1 個
地瓜粉	1 杯
高湯	15 杯

▶ 調味料

鹽	2 茶匙
雞精粉或味精	少許
胡椒粉、麻油、紅蔥酥、香菜	適量

作法 PRACTICE

01　將瘦肉切成片狀，加入蒜泥、沙茶醬、酒、鹽、醬油和鴨蛋黃，仔細攪拌均勻，醃漬 1 小時以上。

02　蘿蔔切塊放在湯鍋內，加 15 杯高湯煮熟，再加鹽調味，試嚐味道適中後待用。

03　將醃透的肉片拌入地瓜粉，捏緊粉料，逐個投入滾水中燙熟，迅速撈起、攤開，用電風扇吹涼即為赤肉羹。待營業時再將赤肉羹放入蘿蔔湯內，食用時撒下胡椒粉、麻油、紅蔥酥、香菜便可。

土魠魚羹

魚羹內的炸魚和大白菜的特色是要吃起來脆脆的，不宜久煮。炸魚、白菜可現賣現放。店家通常也兼賣乾炸的土魠魚，再配上一些糖醋黃瓜片同食，爽口又不油膩。

材料 INGREDIENTS

份量｜十人份

土魠魚	1 斤	鹽	⅓ 茶匙
地瓜粉	1 杯	醬油	2 大匙
扁魚乾	1 兩	胡椒粉	1 茶匙
大白菜	1 斤半		
高湯	10 杯	**▶ 調味料**	
地瓜粉、太白粉	各 3 大匙	大蒜酥	2 大匙
水	1 杯	冰糖、鹽、醬油	各 1 大匙
		味精	適量
▶ 醃魚料		柴魚片	1 杯
蒜泥	½ 茶匙	烏醋、麻油、胡椒粉、	
酒	1 大匙	辣油	適量

作法 PRACTICE

01　將土魠魚去骨後切成條狀，加入醃魚料拌勻，醃 30 分鐘。
　　地瓜粉、太白粉加水調成濕粉狀待用。

02　用 3 ～ 4 大匙油炸香扁魚干，至成金黃色，取出待涼透，切
　　成半寸大小片狀。

03　大白菜洗淨，切成大塊，投入滾水鍋中燙 2 分鐘撈出，用水
　　沖涼。

04　鍋中煮滾 10 杯高湯，放下扁魚乾與大白菜，並加大蒜酥、
　　冰糖、鹽、醬油和味精調味，待試嚐味道適中後，用已調勻
　　的濕粉勾芡成稀薄狀的羹。

05　醃透的土魠魚拌上 1 杯乾地瓜粉，逐個投入熱油鍋中，以大
　　火炸酥，撈出後放入羹碗內，撒下捏碎的柴魚片、麻油、胡
　　椒粉和辣油即成土魠魚羹。

蚵仔麵線

　　紅麵線因經過蒸和乾燥的過程，較耐煮，它的吸水量不如白麵線，所以不易糊化，煮久之後仍然保有韌性。紅麵線有機器製及手工製之分，機器製的每包約 10 斤重約為 180 元，手工製品 10 斤重每包約 350 元，價格差一倍之多，區別在於機器製麵線的口感較硬韌，且久煮後色澤會變淡，而手工製麵線口感佳吃起來軟 Q，色澤久煮不變，麵線吃起來較香。若選用機器製麵線，需添加醬色或深色醬油於羹內，讓蚵仔麵線的湯羹色澤較亮。

材料 INGREDIENTS

份量｜十人份

紅麵線	12 兩	水	1 杯
蚵仔	4 兩		
地瓜粉	½ 杯	▶ 調味料	
高湯	15 杯	柴魚粉	1 大匙
蝦米	1 大匙	鹽	適量
肉羹或貢丸	半斤	冰糖	2 大匙
滷大腸	1 杯	柴魚片	適量
地瓜粉、太白粉	各 ¼ 杯	香菜、烏醋、大蒜醬油、麻油、胡椒粉、辣油	各適量

作法 PRACTICE

01　蚵仔洗淨，瀝乾水分，拌上地瓜粉，逐個投入滾水中燙熟，撈起待涼。

02　用燙蚵仔的湯再加上適量高湯（共約 15 杯），加入蝦米煮至蝦米出味。

03　加入洗淨的麵線和肉羹用柴魚粉、鹽和冰糖調味，再用濕粉（地瓜粉、太白粉和水調合）勾芡，最後加入捏碎的柴魚片，滷大腸和蚵仔便可裝碗。

04　食用前加入烏醋、大蒜醬油、麻油、辣油、胡椒粉與香菜即為美味的蚵仔麵線。

塔香魷魚羹

蒜頭酥如買現成的，放置太久後香味不足，會影響湯頭的美味，最好自己現炸現用或將買來的蒜頭酥，用油再炒過或炸過，再加進湯內，效果較佳。魷魚不耐久煮，可以先用滾水燙一下，馬上用水沖涼，放在冰塊上保持脆度，賣多少，下多少，口感佳。

本書介紹的羹類都以冰糖調味，特色是冰糖煮起來的羹吃起來甜而不膩，耐煮不變味，除了冰糖外，以柴魚粉或雞精粉來增添鮮味（因味精久煮會變味），柴魚粉是加工過的晶粉狀（市面上有售，例如烹大師即為柴魚粉合成的），有廠商專供營業用柴魚粉，可詢問適合營業用的柴魚粉。

材料 INGREDIENTS

份量 | 十人份

乾魷魚	1 條	
鹹粉	2 茶匙	
熱水	4 杯	
高湯	10 杯	
筍絲	1 杯	
大蒜酥	½ 大匙	
蛋	1 個	

太白粉、地瓜粉 各 4 大匙
水 1 杯

▶ 調味料
柴魚粉 1 大匙
冰糖 1 大匙

鹽 1 大匙
醬油（淡色） 3 大匙
柴魚片 ½ 杯
麻油 適量
沙茶醬、九層塔 適量

作法 PRACTICE

01 鹹粉用 4 杯熱水調勻，待涼透後，放入乾魷魚浸泡 2 ～ 3 小時左右，再用清水漂清 2 小時，至軟硬適中即可切塊待用。

02 將高湯 10 杯煮滾，加入筍絲、大蒜酥、柴魚粉、冰糖、鹽、醬油調味，並試嚐味道適中。

03 用一杯水調開太白粉與地瓜粉。

04 待步驟 02 的湯煮滾時，以調好的濕粉勾芡，並淋上蛋汁，攪成細絲狀。放下魷魚片煮熟，最後撒下捏碎的柴魚片即可盛在碗中，加入九層塔、胡椒粉、麻油、烏醋、沙茶醬少許便可食用。

刀切家常麵

　　家常麵的麵糰較硬，若以擀麵棍直接推開來較費力氣，需用大的長麵棍，待麵糰能夠擀開部分後，將麵片捲裹在麵棍上，一面推、轉、壓的滾動麵棍，即能擀成較薄的麵皮。雖然自行擀麵較累，但製作出來的家常麵，不論在麵的Ｑ度、香氣、口感各方面都是最佳的，所以只要店家賣出的是手工的刀切家常麵，常見大排長龍。

材料 INGREDIENTS

高筋麵粉
　　　　1 斤（4½ 杯）

溫水　　　　　　約 2 杯

鹼　　　　　　¼ 茶匙

鹽　　　　　　1 茶匙

▸ 調味料

甜麵醬及豆瓣醬
　　　　　　　各 2 兩

醬油　　　　　3 大匙

水　　　　　　　1 杯

油　　　　　　3 大匙

味精　　　　　　少許

▸ 炸醬

絞肉　　　　　半斤

熟毛豆　　　　2 兩

蝦米　　　　　1 兩

蔥花　　　　　½ 杯

▸ 打滷

高湯　　　　　10 杯

肉絲　　　　　4 兩

大白菜絲　　　2 杯

木耳絲、胡蘿蔔絲
　　　　　　　各 3 大匙

鹽　　　　　　1 大匙

味精　　　　　1 茶匙

冰糖　　　　　½ 湯匙

醬油　　　　　½ 杯

太白粉（或綠豆粉）
　　　　　　　6 大匙

麻油　　　　　2 大匙

鎮江醋　　　　4 大匙

胡椒粉　　　　適量

香菜　　　　　酌量

作法 PRACTICE

01 將鹼和鹽用溫水調勻後倒入麵粉中，揉成一硬性麵糰，蓋上濕布，放置 15 分鐘以上。

02 將麵糰再揉光，用長麵仗擀開大餅狀，待麵皮呈 0.2 公分厚的薄片時即摺疊起來，並用刀切成細條，下鍋以滾水煮熟，撈出待用。

03 油 3 大匙燒熱後將蔥、蝦米和絞肉下鍋，炒透後盛出，並將所有調味料（預先拌勻）入鍋爆香，倒回熟絞肉炒勻，最後將熟毛豆放入，拌炒至十分均勻，盛出放在已煮熟的麵條即成炸醬刀切麵。

04 高湯 10 杯煮滾，加入肉絲、大白菜、木耳、胡蘿蔔、鹽、味精、冰糖和醬油煮滾，再用太白粉水勾芡，最後加入麻油、鎮江醋、胡椒粉和香菜，盛放入熟麵條內即為大滷麵。

紅燒牛肉麵

　　湯濃、肉香、麵Q是最美味的牛肉麵，紅燒口味中尤以川味的最棒，辣得過癮，有的店家會以大紅、小紅來區分，大紅的話多加1勺辣油，小紅則把浮在牛肉湯上的紅油少盛一點。牛肉要燒得香的重點是要燒得透，湯汁不能太多，味要濃厚，待裝碗時再對入適量的牛肉清湯是最理想的。

材料 INGREDIENTS

份量│十人份

麵條	2 斤	辣豆瓣醬	2 大匙
牛腩	1 斤半	八角	4 顆
牛骨	2 支	辣椒粉	½ 大匙
蔥	3 支	白棉布袋	1 個
薑	5 大片		
水	4 公升	▶ 調味料	
油	1 大匙	酒	½ 杯
牛油（牛肥肉）	3 兩	醬油	1 杯
大蒜	15 粒	冰糖	2 湯匙
花椒	2 大匙	鹽	適量
蕃茄	1 個	蔥花	酌量
		麻油	少許

作法 PRACTICE

01　牛腩、牛骨先用開水燙過後，整塊置鍋中，加入蔥、薑和水煮 30 分鐘，至 7 分熟時，將肉撈出，放涼後切成 1 寸半方塊備用。原鍋牛骨續煮 2 小時。

02　用 1 大匙油炸牛肉塊至出油後，再炒香大蒜、花椒、蕃茄、辣豆瓣醬、八角和辣椒粉後，全部用布袋裝包住，再投回鍋內，並放酒、醬油、冰糖、牛肉及牛肉原湯（半鍋），續用文火煮 1 小時半，待牛肉夠爛時即加入適量的鹽調味，即為紅燒牛肉。

03　食用時才將麵條燙熟放入麵碗中，再添加紅燒牛肉與牛肉清湯，並加蔥花、麻油做成牛肉麵。

溫州大餛飩

　　大餛飩湯亦有店家做素淨淡雅型的湯頭，只在湯內放芹菜末或蔥花，再撒點胡椒粉，吃起來很爽口，也是不錯的選擇。

　　蛋皮絲作法就是將蛋打散，加少許水和太白粉攪勻，煎成薄蛋皮再切絲。溫州大餛飩的餡料，可做多樣性的變化，可加入青江菜做成菜肉餛飩，或加點蝦仁，做成鮮蝦餛飩。

材料 INGREDIENTS

份量│十人份

絞肉（絞2次）
　　　　　　　　1斤
大餛飩皮　　　　1斤
蔥　　　　　　　2支
薑片　　　　　　5片
水　　　　　　5大匙
蛋皮絲、榨菜絲、
湯用海苔片

▸ **拌肉料**

酒　　　　　　2大匙
鹽　　　　　　2茶匙
味精　　　　½茶匙
太白粉　　　　1大匙
胡椒粉　　　　2茶匙
麻油　　　　　1大匙

▸ **調味料**

鹽、味精、麻油、
高湯　　　　　適量

作法 PRACTICE

01　將蔥、薑用厚刀拍碎，加5大匙水抓捏至蔥、薑香味滲出，即為蔥薑水。

02　細絞肉置大盆內，將蔥薑水分多次加入，攪拌至有黏性，繼續放拌肉料用力攪拌，摔打至有彈性，放入冰箱冰2～3小時。（圖A）

03　取餛飩皮包入冰透、夠黏的肉餡，抹平肉餡後將4個角往內折約1公分，再用食指頂住，用另一隻手勒緊收口即為大餛飩，投入滾水中煮熟。（圖B-D）

04　湯碗內放鹽和味精，注入高湯，放入煮熟的大餛飩，再撒下蛋皮絲、榨菜絲、海苔片和麻油即可。

麵、羹類小吃

小卷米粉湯

　　在北部賣米粉湯的店家，多以清湯方式製作，米粉湯的鍋內還煮有油豆腐和各式豬內臟（俗稱黑白切），重點在於湯頭要濃厚，調味適中，並要撒入一大把炸得酥香的紅蔥酥同煮，便能燒出美味的米粉湯。在中南部賣米粉湯則以海鮮取勝，有的用旗魚肉蒸熟、撕碎，放入米粉湯中同煮，即為有名的旗魚米粉。

　　蝦皮用豬油炒酥即為蝦皮酥，加入米粉湯內是致勝的要訣。

材料 INGREDIENTS

份量｜十人份

小卷	1 斤
粗米粉	1 斤
高湯	適量

▸ **調味料**

柴魚粉、味精	各少許
鹽	適量
紅蔥酥、蝦皮酥、芹菜末、胡椒粉	各適量

作法 PRACTICE

01 將小卷除去皮與內臟，清洗乾淨，用大量滾水燙 10 秒鐘，並用水沖洗一下。

02 備一大鍋高湯煮滾，放鹽、柴魚粉、味精調成適中的味道。

03 再將燙洗過的小卷入鍋煮至 8 分熟，迅速撈起，攤開，以電風扇吹涼，切成適當大小備用。

04 粗米粉放入步驟 02 的高湯內，煮至入味且軟硬適中，再放入小卷便可裝碗，撒下紅蔥酥、蝦皮酥、芹菜和胡椒粉即可裝碗食用。

狀元及第粥

製作此粥時，亦可將肉、魚和豬肝片先以滾水燙過後，再加入粥內，可使及第粥賣相更好，比較白淨而沒有腥味。

通常粥品店會推出許多種粥類，只要備妥一大鍋粥底，客人點餐後盛些粥底於小鍋中，最後再加入少許高湯或水一起加熱，可免沾鍋。常見的粥類有皮蛋瘦肉粥、蝦仁粥、魚生粥、豬肝粥、干貝粥……等。

油條切片後再用油炸成金黃色，香酥感更佳。

材料 INGREDIENTS

份量│十人份

瘦肉、魚肉、豬肝	各 4 兩
米	1 杯
高湯	20 杯
扁魚乾	1 片
腐竹	1 支
濕太白粉	1 大匙
油條	2 支
香菜、蔥、薑絲	各適量

▸ **調味料**

鹽、味精、胡椒、麻油
各酌量

作法 PRACTICE

01 用熱油炸香扁魚乾，待涼後壓扁。腐竹泡水半天至軟透，切碎。2 種一起加入淘洗過的米及 20 杯高湯中，用小火煮 2 小時以上，至米粒非常糜爛為止，即為粥底。

02 將豬肉、魚肉、豬肝切片後分別用濕太白粉醃上 5 分鐘，放入已調了鹽與味精的粥底中，一滾便可關火（以保持肉類的滑嫩）。

03 分別盛入碗裡，放下香菜、蔥、薑絲、胡椒粉、麻油及炸過的油條片即可食用。

小米粥

在北方館子賣牛肉餡餅、抓餅、蔥油餅一類的麵食時,多會搭配著小米粥或綠豆稀飯來食用。吃著香脆的餅,喝著潤喉、止飢又滑溜的小米粥,飽餐一頓,感覺通身舒暢,餅加粥是絕佳搭配。

若在夏季,通常會推出綠豆稀飯,用糯米或白米和綠豆先煮半爛後,再加入一些麥片同煮,是非常理想的選擇。重點是粥若是要配餅吃,要煮得很稀才正確,煮粥時的水量要比平常煮稀飯的水還要多,若太黏稠,在煮的過程中,可酌量加些開水稀釋。

材料 INGREDIENTS

份量|十人份

糯米或白米	½ 杯
小米	1 杯
碎玉米	½ 杯
鹽	¼ 茶匙
水	20 杯

作法 PRACTICE

01 將白米、小米和碎玉米淘洗乾淨,加入鹽和水,先以大火煮滾,並攪動一下,再以小火續煮 30 分鐘左右。中途要多加以攪動,以免黏鍋。

02 見米粒已非常軟化便可熄火,熄火後,續燜 30 分鐘即可裝碗食用。

粥品、炒類

魩仔魚粥

在濱海公路澳底一帶，有幾家賣海鮮的餐廳，遠近知名，主要是料好、味美、價格合理，尤其是魩仔魚粥吃來先鮮美滑溜，老少咸宜，最受大眾歡迎。店家會選用生魩仔魚煮粥，若買不到生魩仔魚，以熟魩仔魚煮出來的效果也不錯。

材料 INGREDIENTS

份量｜十人份

魩仔魚	4 兩
豬油	2 大匙
大蒜末	1 大匙
白蘿蔔	1 斤
紅蘿蔔	3 兩
米飯	3 杯
水	10 杯

▸ **調味料**

鹽、雞精粉	酌量
太白粉水	2 大匙
蔥末、芹菜末	各 3 大匙
烏醋	2 大匙
胡椒粉	少許

作法 PRACTICE

01 紅、白蘿蔔分別切成細絲。

02 用豬油爆香蒜末，再放白蘿蔔絲下鍋炒透，注入水，再加入米飯和紅蘿蔔絲，大火煮 5 分鐘，加入適量的鹽和雞精粉調味，再放入魩仔魚，最後用太白粉水勾芡為薄芡。

03 將粥盛入碗中，撒上芹菜末、蔥末、烏醋和胡椒粉，即可食用。

炒花枝

　　將花枝先泡過冰鹽水後，再以大火快炒，口感佳、脆度夠，是做生意頭家老闆的致勝寶典。搭配的青菜是以季節性素材為主，筍、木耳、胡蘿蔔均為單價穩定的食材，是理想的選擇。

　　現在有一種遠洋的花枝翅膀（整箱冷凍的大型花枝翅膀），質地硬且口感較腥，但價位便宜。有些店家會將此種花枝翅用冰鹽水浸泡半天（去腥及增加脆度）後，再用點酒，味精、柴魚粉醃一下，再以大火快炒後，鮮度及脆度均會增加而變得美味，成本又低，很受店家喜愛。

材料 INGREDIENTS　　　　　　　　　　　　　　份量｜四人份

花枝（淨重）	半斤	蔥花	2 大匙	鹽	1 茶匙
高麗菜	半斤	紅辣椒	1 支	糖	½ 大匙
青椒	1 個			味精	½ 茶匙
大蒜末、薑末		▶ 調味料		烏醋	1 大匙
	各大 ½ 匙	酒	1 大匙	麻油	適量
		醬油	2 大匙		

作法 PRACTICE

01　將花枝切成小塊狀後，放入調了適量鹽的大量冰水中（要有冰塊在內），浸泡 30 分鐘左右。高麗菜、青椒分別切成適當大小的塊狀。

02　將炒鍋燒得極熱，放入 4 大匙油，先爆香大蒜、薑、蔥和辣椒，再放入泡過冰鹽水（炒前先撈起、瀝乾水分）的花枝、高麗菜和青椒，以大火快炒，並淋下酒、鹽、醬油、糖、味精和烏醋調味，炒勻，最後滴下適量麻油，便可起鍋裝碟。

干炒牛肉河粉

炒河粉時配料中的青菜若改用小白菜或其他青菜時,香味不如韭黃,可添加大蒜或蔥增加香氣,或最後撒點九層塔亦可。

廣東小吃的干炒牛河粉色澤較深,是用老抽(深色醬油)調色、調味,這道小吃稍作改變,調味仍以醬油為主,但色澤較為清爽。也用少量的鹽,主要是給蔬菜調合味道。

材料 INGREDIENTS

份量｜四人份

河粉	4 片	水	1 大匙
牛肉片	6 兩	油	1 大匙
韭黃或小白菜	4 兩		
豆芽	4 兩		

▶ 醃肉料

醬油	1 大匙
木瓜粉或小蘇打	½ 茶匙
糖	¼ 茶匙
太白粉	1 大匙

▶ 調味料

醬油	3 大匙
酒	1 大匙
糖	1 茶匙
鹽、胡椒粉、麻油	適量

作法 PRACTICE

01 將牛肉切成極薄的片狀，用醃肉料（油除外）抓拌均勻，並加以摔打至有黏性後，再放下 1 大匙油拌勻，放置 30 分鐘以上。

02 將河粉切成 0.5 公分寬條；韭黃切段，豆芽洗淨備用。

03 炒菜鍋燒得極熱後放入 5 大匙油，先下牛肉片，快速地以大火炒至半熟時取出，隨後放下河粉，並由鍋邊淋下醬油，使河粉上色後，再放酒、糖、鹽、胡椒粉、豆芽和韭黃，迅速翻炒均勻，最後倒回牛肉片並滴下少許麻油，迅速翻炒即可裝碟上桌。

海鮮炒麵

　　海鮮炒麵亦可加入蝦米，增添美味及香味。好吃的炒麵重點是入味，帶些許湯汁，吃起來滑溜又帶點彈性為要點。

　　炒4人份的麵，用粗條油麵時，高湯可用至2杯，細油麵則約 1½ 杯即可。1斤麵可分裝為 4～5 盤。

　　若要使花枝、蝦仁炒起來較鮮嫩，可先用少許的鹽和太白粉抓拌一下再炒，而直接生炒展現的是鮮美與爽脆。

材料 INGREDIENTS

份量｜四人份

花枝	4 兩
蝦仁	2 兩
蚵	2 兩
豆芽	4 兩
蔥	2 支
韭菜	2 兩
油麵	1 斤

▶ **調味料**

醬油	2 大匙
高湯	2 杯
鹽	1 茶匙
味精	½ 茶匙
烏醋	1 大匙
麻油	少許

作法 PRACTICE

01　將蔥與韭菜切段；花枝切條；蝦仁、蚵、豆芽洗淨備用。

02　炒鍋燒熱，放入約 3～4 大匙油，先爆香蔥段，再下蝦仁、花枝和蚵，大火炒至半熟，淋入醬油和高湯，並放下油麵、鹽和味精，炒燜至麵透、入味，再放下豆芽、韭菜和烏醋迅速炒勻，最後滴下麻油即可裝盤。

清蒸臭豆腐

清蒸臭豆腐有多種口味，亦可用薑末、蒜末、紅椒、豆豉、蘿蔔乾、辣豆瓣醬和糖等調合來蒸。可以放置 1 片燙過的高麗菜或大白菜於盤內同蒸，連同蒸軟透的菜葉吃，真是不錯的喔！

臭豆腐的選擇也很重要，需選清蒸用的，質地鬆軟。因浸泡天數多，味較濃，比較能做出滑嫩的口感。不可買太硬的臭豆腐製作清蒸或麻辣的口味。通常浸泡天數短的臭豆腐比較硬，適合用來炸臭豆腐。

材料 INGREDIENTS

份量│十人份

臭豆腐	10 塊
絞肉	3 兩
雪裡蕻	3 兩
毛豆	4 大匙
紅椒末	1 大匙
蒜末	1 大匙

▶ **調味料**

淡色醬油	1 大匙
鹽、糖、味精、胡椒粉	各少許

作法 PRACTICE

01 把臭豆腐洗淨，續用清水浸泡 1 小時後瀝乾，用牙籤刺洞，以利於入味，放入盤內待用。

02 用 2 大匙油爆香蒜末、並放入絞肉炒散，再加入雪裡蕻、毛豆、紅椒末、醬油、鹽、糖、味精、胡椒粉炒勻，盛在臭豆腐上，上籠蒸 20 分鐘即可。

麻辣臭豆腐

　　麻辣臭豆腐的辣度可由自己調整，不宜做得太辣，才能適合一般大眾的接受度。通常店家自行熬煮出辣度適中的口味，另備有辣椒及炒好的酸菜，由顧客自行添加。至於麻辣臭豆腐鍋內加不加鴨血同煮，也是由店家自行選擇，不加鴨血的麻辣臭豆腐較好保存，不易變味。

材料 INGREDIENTS

臭豆腐	10 塊
鴨血	2 塊
花椒	½ 大匙
薑末	2 大匙
辣豆瓣醬	2 大匙
酸菜（切絲）	4 兩

▶ 調味料

醬油	4 大匙
味噌	2 大匙
小魚乾	1 兩
大紅椒丁	2 大匙
韓國辣椒粉	2 大匙

冰糖	2 大匙
鹽	適量
高湯	10 杯
蔥花、香菜、麻油、 辣油	各適量

▶ 辣油

油	2 杯
薑	3 片
花椒粒	2 大匙
白芝麻	½ 大匙
雞心辣椒粉	3 大匙

作法 PRACTICE

01　把臭豆腐洗淨，續用清水浸泡 1 小時，鴨血切成塊狀，用滾水燙 1 分鐘，泡在冷水中待用。

02　2 杯油中加入薑片、花椒粒和白芝麻，小火燒至 7～8 分熱，熄火，待降溫至 5 分熱，倒入辣椒粉中，浸泡半天後，過濾掉渣子，即為辣油。

03　油 3 大匙炒香薑末、辣豆瓣醬和酸菜，再加入醬油、味噌、小魚乾、大紅椒丁、辣椒粉、冰糖、鹽和高湯，煮開後才放下臭豆腐，以大火煮 10 分鐘，見臭豆腐膨脹起來，加入鴨血塊和辣油 1 杯，再改小火續煮 20 分鐘至入味。盛入碗中加入蔥花、香菜和麻油食用。

傳統豆花

　　地瓜粉若是買不到好又純的，可用 2 大匙太白粉與 2 大匙玉米粉取代，另外可以準備一些薑汁，喜歡薑味者可自由添加。吃豆花可自由變化口味，紅豆、珍珠、大花豆任選，喜歡吃鹹的亦可放蔥花、醬油、麻油、辣油、醋和鹽調味，也是不錯的選擇。

　　大量製作時磨豆漿的機器可至位於環河南路一段 23-6 號（永揚餐具公司）購買快速脫殼機，每台約兩萬八千元，另有普通機型一萬多元即可入手，可多參考幾家比價。傳統豆花吃起來較有香味且嫩，也可以選用蒟蒻或海藻製成的膠粉做豆花，適合冰涼地吃。蒟蒻凍製成的豆花有點 Q，但不能熱食。

材料 INGREDIENTS

份量｜十人份

黃豆 ⸻⸻⸻ 半斤
水 ⸻ 4 斤（約 10 杯）
熟石膏 ⸻⸻ 1 茶匙
純地瓜粉 ⸻⸻ 4 大匙
黃砂糖 ⸻⸻⸻ 1 斤
水 ⸻ 2 斤（約 5 杯）
煮爛的去皮花生
⸻⸻⸻⸻ 適量

作法 PRACTICE

01　黃豆洗淨用水浸泡半天以上或一晚上，加 4½
　　杯的水以磨米機（或果汁機）磨成豆漿，用布
　　袋過濾。另加 5 杯水搓揉豆渣，再過濾 1 次（第
　　2 次取漿）。將豆漿全部倒入鍋內，一邊煮一邊
　　攪動至滾，並打掉浮上來的泡沫。（圖 A-B）

02　在大鍋內用 ½ 杯冷開水調勻熟石膏與地瓜粉，
　　再將煮滾的豆漿，舉得高高的、快速的沖入大
　　鍋內（圖 C），蓋上鍋蓋，靜候 15 分鐘（圖 D）。

03　將黃砂糖和水煮成甜度較高的糖水。

04　待豆花凝固後便可食用，鏟出適量盛入碗中，加
　　入糖水和花生即可食用。

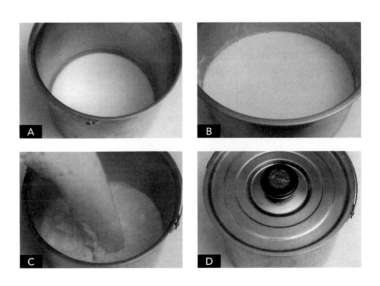

車輪餅

　　車輪餅鍋格子共有 32 個，先下 16 個煎半熟，再下 16 個後煎熟，
2 個密合成型，一直循環做下去。

　　製作紅豆餡時，要帶點濕潤，吃起來滑溜才好吃，請勿做得太乾，
奶油糊亦是如此，車輪餅外皮吃起來會 Q 的關鍵，在於麵糊要用力攪
拌或可加些高筋麵粉下去攪拌。

材料 INGREDIENTS

份量│十人份

▶ **紅豆餡**

紅豆	半斤
水	4 杯
糖	半斤
鹽	½ 茶匙
麵粉	2 大匙

▶ **蘿蔔餡**

蘿蔔乾絲	2 兩
蝦皮	2 大匙
鹽	½ 茶匙
味精	½ 茶匙
胡椒粉	1 茶匙
五香粉	少許

▶ **奶油餡**

低筋麵粉	1½ 大匙
糖	1 杯
鹽	¼ 茶匙
奶水	1 杯
香草精	適量
蛋黃	2 個
奶油	2 大匙

▶ **麵糊料**

中筋麵粉	2 杯
蛋	2 個
水	1½ 杯
糖	1 大匙
香草精	適量
小蘇打粉	1 茶匙
蛋黃粉	2 大匙
奶油	3 大匙

作法 PRACTICE

01　ⓐ 紅豆洗淨用 4 杯水泡一晚後，置電鍋中蒸至熟透。

　　ⓑ 趁熱倒入炒鍋內加糖、鹽，一面炒一面壓（保留部分顆粒不壓碎），最後加入 2 大匙麵粉炒勻即成紅豆餡。

02　用適量的油炒香蝦皮與蘿蔔乾絲（洗淨並稍泡軟），加鹽、味精、胡椒粉與五香粉調味，炒勻至有香氣即為蘿蔔餡。

03　將麵粉、糖、鹽、奶水和香草精攪拌均勻，再放在爐火上，邊煮邊攪動至黏稠，熄火，放入蛋黃與奶油，仔細拌勻，趁熱蓋上保鮮膜，待涼後即為奶油餡。

04　蛋 2 個打散後加入麵粉，先加入一杯水調成乾稠狀的麵糊，用力攪拌 10 分鐘至有彈性，續放 ½ 杯水、糖、香草精、小蘇打、蛋黃粉攪拌均勻，最後放入融化的奶油再攪勻，醒 10 ～ 30 分鐘，即成麵糊。

05　車輪餅鍋燒熱，抹少許油，倒入適量麵糊，分別裝入喜愛的餡料，將麵糊倒入另外預留的空格內，再把煎熟有餡料的車輪餅蓋上，讓 2 個餅密合一起，熟時取出即可。

肉圓

　　肉圓的製作是一種高難度的小吃，要使皮有Ｑ度，最重要的關鍵是粉的配方，通常用三粉（3種粉混和）的效果最好，但一定要買到製作肉圓專用的純地瓜粉。最好先過篩，粗粉取來調水，前半部沖滾水漿用、細粉則用在拌粉漿，如此做出來效果最佳，另外入油鍋熱時，鍋底最好放置一個有洞的蒸盤，以免沾鍋底。最好是豬油和沙拉油各半，肉圓加溫的效果才佳（豬油的穩定性好，不易起氣泡）。

材料 INGREDIENTS

份量｜十人份

在來米粉	1 大匙	香菇	2 個	鹽	1 茶匙
太白粉	1 大匙	筍乾	1 杯	味精、五香粉、	
地瓜粉	1½ 杯			胡椒、肉桂粉、	
冷水	1 杯	**▶ 醃肉料**		麻油	各少許
滾水	2 杯	蒜末	½ 大匙		
絞肥肉	2 兩	醬油	2 大匙	**▶ 調味料**	
瘦肉	半斤	酒	½ 大匙	鹽	½ 茶匙
		糖	1 茶匙	鹽、味精	適量

作法 PRACTICE

01 用 1 杯水調勻在來米粉、太白粉及 ½ 杯地瓜粉和鹽 ½ 茶匙，再沖入 2 杯滾水，用力攪拌均勻，待涼後加入 1 杯細地瓜粉，調勻即成粉漿。（圖 A-B）

02 絞肥肉和瘦肉片加醃肉料醃 1 小時。香菇、筍乾用油炒熟，加鹽和味精調味。

03 醬油碟上抹油，放入深度一半的粉漿，再加入步驟 02 的餡料，最後再填入粉漿蓋滿（圖 C-F），上籠蒸 15 分鐘，待涼取出，入溫油鍋中加熱即可。

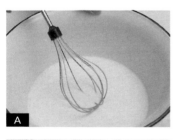

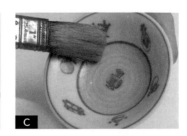
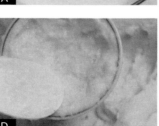
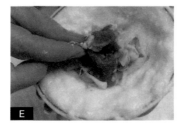

蚵仔煎

　　在台灣只要有美食街或夜市、路邊攤，全省均可以看到賣蚵仔煎的攤子，因為蚵鮮、粉Q、蛋香及那澆在上面的醬汁，吸引了無數的顧客群。蚵仔煎的煎法每個店家不一定相同，但有個重點是蚵仔一定要煎得半熟，水分減少些才可以放粉漿（粉漿要攤薄、易熟又Q）。

　　雞蛋亦可單獨在一旁煎至半熟，再把煎好的蚵仔煎蓋在蛋上，形狀和賣相較佳。

　　有的店家會搭配著少量的花生粉同食，可依自己的喜愛做決定。

材料 INGREDIENTS　　　　　　　　　份量｜十人份

蚵	半斤	▶ 調味料	
茼蒿或小白菜	半斤	鹽	½ 大匙
蛋	10 個	味精	1 茶匙
地瓜粉	半斤	烏醋	1 大匙
太白粉	4 兩	胡椒粉	1 茶匙
糯米粉和麵粉	2 兩	豬油	適量
水	28 兩	海山醬、醬油膏	各適量
韭菜	適量		

作法 PRACTICE

01　將地瓜粉、太白粉、糯米粉、鹽、味精、烏醋和胡椒粉置入大碗中，加水仔細調勻即成粉漿。

02　韭菜切丁，加入粉漿中輕輕拌勻。

03　平底鍋燒熱，放1大匙豬油，先放下5粒蚵仔煎一下，再加入一些粉漿，待煎成半透明狀時，加入青菜和蛋，煎至兩面均呈金黃色，即可盛入盤中，澆上海山醬（見第250頁）和醬油膏即可食用。

咖哩魚蛋

　　咖哩深受大眾喜愛，常見的有咖哩餃、咖哩飯、星洲炒粉等，都是用咖哩入菜，香、辣、開胃、色澤美是它的特色。魚蛋是香港人的叫法，亦是在香港很受歡迎的小吃，除了魚丸外，甜不辣、燒賣、豬血糕皆可串來食用。

　　紅咖哩醬的特色是紅、辣、香，買回後可以全部用 2 倍的油炒好後裝罐，可久存不壞，方便取用。咖哩醬在使用時要隔水加熱法或以小火加熱，且要不時攪動，以免沾黏鍋底。

材料 INGREDIENTS

份量｜十人份

脆丸	1 斤	
大蒜末	1 茶匙	
洋蔥末	½ 杯	
紅咖哩	2 大匙	
薑黃粉	1 茶匙	

咖哩粉	2 大匙
麵粉	3 大匙
水	½ 杯

▶ 調味料
酒　　　　　1 大匙

鹽	適量
糖	1 大匙
高湯	6 杯
椰漿或牛奶	2 大匙

作法 PRACTICE

01　用竹串將脆丸每 5 ～ 6 粒串成一串備用，麵粉加水調勻待用。（圖 A-B）

02　將膏狀的紅咖哩加 2 倍的油，入炒菜鍋內以中火炒香。

03　燒熱 3 大匙的油，爆香大蒜和洋蔥後再加入炒過的紅咖哩，薑黃粉和咖哩粉，並淋下酒加入高湯、鹽和糖，邊煮邊攪動至洋蔥軟化，加入調好水的麵粉，攪拌均勻，煮至黏稠，最後加入椰漿或奶水，即為咖哩醬。

04　將魚丸放入咖哩醬鍋內，加熱至入味後便可取出食用。（圖 C）

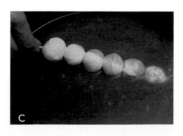

A　B　C

各式沾醬

　　各式各樣的醬料，在市面上多半有現成的出售，但如果多費些心思製作出最適合搭配您自己做的小吃的各式沾醬，促進客人的食慾，用心與否客人都嚐得出。

　　選購大型紅辣椒半斤，小型的特辣辣椒半斤（朝天椒或雞心椒），去蒂頭，和鹽 2 大匙及水 1 杯一起放入果汁機裡打碎，再倒入鍋內煮滾，熄火後放入少許味精，待涼後裝罐，注入些麻油在辣椒醬表面，能存放多日，即為自製辣椒醬。

　　燒熱 2 杯油，加點薑片、花椒粒燒至 7 ～ 8 分熱，熄火將由沖入辣椒粉內（先備妥朝天椒或雞心椒的乾辣椒粉 ½ 杯和韓國辣椒粉 ⅓ 杯）浸泡一個晚上即成辣油。此種辣油，亦有稱之為辣渣，連同辣椒粉一起食用，可搭配於蚵仔麵線、肉羹……等，即為自製辣油。

基本白醬

材料 INGREDIENTS

糯米粉或地瓜粉 ½ 杯、糖 1 杯、水 6 杯

作法 PRACTICE

糯米粉或地瓜粉加水調勻，用小火加熱後再加入糖，邊煮邊攪，煮成濃稠狀。當天沒用完，收入冰箱冷藏，可保持數天不壞。